사랑하는 법을 알게 해준
남편 엑토르와 아들 마르셀에게
고마움을 담아

이 도서의 국립중앙도서관 출판예정도서목록(CIP)은
서지정보유통지원시스템 홈페이지(http://seoji.nl.go.kr)와
국가자료공동목록시스템(http://www.nl.go.kr/kolisnet)에서
이용하실 수 있습니다.
(CIP제어번호: CIP2016003763)

엄마 나이 네 살

유혜영 지음

design house

3 아이의 세상

아기가 태어나는 순간은 세상의 새로운 문 하나가 열리는
순간이고 한 부모가 새로이 태어나는 순간이기도 하다. 우리는
모두 같은 시공간에 살고 있지만, 아기가 태어나는 순간 모든
것은 마법처럼 변한다. 그리고 그 어떤 순간도 머물지 않고,
같지 않다는 진리를 배운다.

나이 들어 갖은 아기라 준비가 되어 있다고 생각했다. 내가
하는 일이 그림 그리는 일이고 남편이 하는 일이 학생들을
가르치고 글 쓰는 일이니 남들보다 더 창의적이고 감성적으로
키울 수 있다고 생각했다. 그러나 현실과 이상은 아이와
마주한 순간 여실히 그 차이를 드러냈다. '부모'라는 명찰을
인생의 연륜과 나이로 거저 얻을 수 없다는 진실을 알게 되었다.
"산 넘어 산"이라는 말처럼 아이를 키우는 일은 매 순간 높이를
알 수 없는 산을 하루에도 수십 번 오르내리기를 반복하는
일과 같다. 몸도 마음도 고되다. 하지만 심장은 두근두근
방망이질 친다.

어떤 일이건 시간이 지나면 익숙해지는 법이고 나아지는
법이거늘, 아이 키우는 건 여전히 서툴고 늘지 않는다. 올바른
육아법에 대해 왈가왈부하기는커녕 그저 초보 부모 딱지를
떼기 위해 오늘도 동분서주할 뿐이다. 이 책은 스페인 어느
시골 마을에 살면서 아기를 키우는 부부의, 요리를 좋아하고
그림을 그리는 엄마와 시를 읊고 글을 쓰는 아빠의 일상의
기록이다. 부족한 밤잠에 비몽사몽 보냈던 시간, 옳고 그름에
번뇌했던 시간, 첫사랑처럼 뜨거웠던 시간, 한 아이를 키우면서
겪은 4년이라는 시간을 담은 평범한 한 가족의 이야기다.

노 그림 그리는 엄마
랑
이야
기

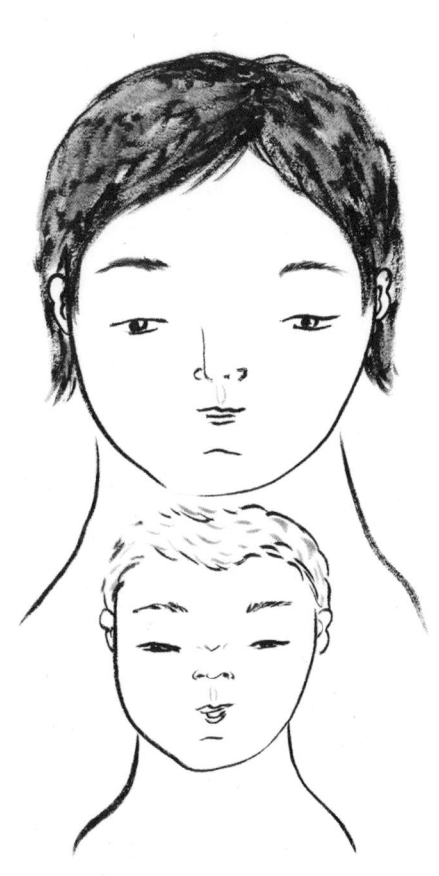

1
설렘

올해의 마지막 해를 바다 아래로 배웅하고 왔다.
이제 나는 바라는 것도 원하는 것도 없다. 내가
무력해져서도 꿈이 사라져서도 아니다. 엄마로서
이 아이와 함께 한 해를 시작하는 것만으로 충분히
행복해서이기 때문이다. 내 소망은 오직 하나다.
바로 이 아이. 아직은 너무 작아 볼 수도 느낄 수도
없지만, 내 안에 두 개의 심장이 뛰고 있다.

두근두근 만남

마르셀은 불혹의 나이를 훌쩍 넘긴 어느 날 내게 찾아온 기적 같은 선물이다. 결혼 10년 차인 나는 세 번의 유산을 경험했다. 내 안에 살아 있던 생명을 잃는 아픔을 더는 견딜 자신이 없었던 내게 아이를 갖는다는 건 간절한 소망인 동시에 두려움이었다.

그러던 내게 기적이 일어났다. 나는 한국에서 열릴 전시 준비로 분주한 한때를 보내고 있었다. 작품을 마무리하고 한국행 비행기 표를 예약하고 나니 긴장이 풀렸는지 한동안 신물이 올라오고 속이 매슥매슥했다. 한밤중에 삼겹살을 먹고 자도 뚝딱 소화시키던 나였기에, 전시 준비를 하느라 신경을 너무 쓴 탓이라고 생각했다. 그러나 소화제를 먹어도 매슥거리는 속은 좀처럼 나아지지 않았다. '혹시?' 하는 마음에 임신 테스트기로 자가 진단을 해보았다. 테스트기에는 희미하지만 두 줄의 선이 나타났다. 만감이 교차했다. 기쁨을 채 만끽하기도 전에 눅눅한 곰팡이처럼 마음 한구석에 두려움이 빠르게 자리했고, 병원으로 향하는 길은 멀면서도 가깝게 느껴졌다. 임신 10주. 내 안에는 작지만 힘차게 또 하나의 심장이 뛰고 있었다. 가슴이 철렁하고 내려앉는가 싶더니 곧 심장 소리와 함께 실낱같은 희망이 함께 피어올랐다. 그렇게 마르셀과 우리 부부의 첫 만남이 시작되었다.

한 해 한 해가 지나고 있다. 우리의 매일은 첫 만남의 순간처럼 흥분되고 두근거린다. 이른 아침의 여명 사이로 도둑고양이처럼 엄마, 아빠의 침대로 기어들어오는 마르셀, 마르셀을 꼭 껴안고 입맞춤하는 나, 마르셀과 나를 보며 미소 짓는 남편의 얼굴이 보인다.

"본디아Bon dia, 아침인사."

수염이 자란 남편의 까슬까슬한 얼굴이 닿자 마르셀이 몸을 뒤틀며 까무러치게 웃는다. 그 웃음소리와 함께 우리의 소란스러운 아침이 시작된다. 마르셀과 함께 출근하는 남편을 배웅한 뒤 마르셀을 유아원까지 데려다 준다. 나를 향해 조그마한 손을 흔드는 마르셀의 모습에, 나는 사랑에 빠진 여인처럼 가슴이 콩닥거린다. 유아원이 끝날 시간에 맞춰 데리러 가니 마르셀은 오늘도 흙투성이가 되어 있다. '아이와 옷을 통째로 넣어 깨끗이 씻겨주는 기계가 얼른 나와야 할 텐데.' 잠시 엉뚱한 상상을 하면서 아이를 씻긴다. 남편이 퇴근해서 돌아오고, 오늘 저녁 식탁도 밥을 먹네, 안 먹네, 나와 마르셀의 신경전으로 시끌벅적하다. 두어 시간 뒤, 조금 더 놀겠다고 버티던 마르셀의 고개가 푹 떨어진다. 침대에 눕히고 잠든 마르셀의 이마에 잘 자라는 입맞춤을 한다.

매일 반복되는 일상, 하지만 내 가슴은 오늘도 벅차오른다. 매일이 첫 만남처럼 새롭고, 첫 경험처럼 설렌다.

탄생

41주가 지나도 배 속 아이는 나올 기미가 없다. 의사와의 상의 끝에 유도분만을 하기로 했다. 그날 저녁, 나는 꿈을 꿨다. 친한 언니가 오래된 커다란 금화를 불뚝 솟은 내 배꼽 위로 힘껏 던지는 꿈이었다. 깜짝 놀라 일어난 동시에 진통이 느껴지는가 싶더니 새벽 6시경 양수가 터졌다. 나는 화장실로 다급히 뛰어갔다. 태아의 배변이 섞여서인지 양수는 살짝 초록색을 띠고 있었다. 잠 많은 남편도 뭔가 눈치를 챘는지 화장실 밖에서 괜찮으냐며 노크를 해댔다. 그동안 임산부를 위한 수업을 빠트리지 않고 듣기를 잘했다. 나는 침착하게 남편에게 말했다.

"걱정하지 마. 양수가 터졌어. 병원에 전화해줘."

37주에 접어들 무렵부터 챙겨뒀던 출산용품이 가득 든 가방을 들고 병원에 도착하니 아침 7시였다. 삼삼칠 박수같이 반복적인 진통이 느껴지기 시작했다. 머릿속에 열심히 새겨둔 이론을 드디어 꺼낼 때가 왔다. 기억을 더듬으며 그것들을 따라 하는 기분이 꽤 나쁘지 않았다. 마흔을 훌쩍 넘기고, 세 번의 유산 끝에 얻은 아기라는 기대 때문인지 진통도 쾌감의 일부처럼 느꼈다. 자궁 문이 열렸다는 말을 듣자, 이제 곧 아기를 볼 수 있다는 기대감에 부풀었다. 한 시간이 지나고, 세 시간이 지나고, 다섯 시간이 지나자 의사는 아이의 머리가 보이기 시작한다고 말했다. 다시 다섯 시간이 지났다. 그런데 아기는 좀처럼 나올 생각을 안 했다. 무슨 문제가 있는 건 아닌지 노심초사하는 남편에게 나는 농담을 건넸다.

"이 정도 고통이면 둘째는 금세 낳을 수 있겠는걸."

또다시 다섯 시간이 지났다. 무통 주사의 기운도 점점 떨어지고 내 체력도 점점 바닥나기 시작했다. 진통은 더욱 심해져왔다. 의사는 아기가 너무 오랜 시간 고통받고 있으니 아기 머리가 빠져나올 수 있도록 기구를 사용하겠다고 설명했다. 만약 그래도 나오지 않으면 제왕절개를 하는 수밖에 없다는 설명도 덧붙였다. 우리 부부가 그에 동의하자마자 분만실에 여러 명의 의사와 간호사가 들락거리기 시작했다. 그렇게 다시 두 시간이 지나 밤 11시경. 아래쪽에서 아기가 쏙 빠지는 느낌이 드는가 싶더니 갑자기 사람들이 술렁였고 한 의사가 아기를 안고 분만실을 빠져 나갔다. 금방이라도 울 것 같은 표정으로 남편이 말했다.

"탯줄이…."

"탯줄이 뭐? 아기를 어디로 데려가는 거야?"

오만 가지 생각이 머릿속을 스쳐 갔다. 임산부를 위한 수업 중 무수히 들었던, 바로 몇 시간 전까지 머릿속에서 되뇌었던 내용이 떠올랐다. '아기가 태어나면 가장 먼저 산모의 가슴 위에 올려놓고 엄마의 온기를 느끼게 한다. 그리고 탯줄에 남은 액을 모두 흡수할 때까지 기다렸다 엄마의 온기와 심장 소리를 들려주면서 탯줄을 자른다.' 불안한 마음에 온몸이 오싹해졌다. 그때였다. 옆 방에서 우렁찬 아기의 울음소리가 들렸다. 아기가 세상에 태어나 처음으로 내는 소리, 아기가 첫 숨을 내쉬고 들이마시는 순간을 알리는 소리였다. 잠시 뒤 노란 모자를 쓴 아기가 의사의 품에 안겨 분만실로 돌아왔다. 아기는 힘차게 울고 있었다. 얼굴 한쪽에는 긁히고 눌린 자국이 선명하게 나 있었다. 그러면 좀 어떤가! 어떻게든 살아 있지 않은가! 나는 아기를 품에 안았다.

드라마에서 보면 이 순간 엄마는 울고 아빠는 웃는다. 그런데 우리 부부는 반대였다. 남편 얼굴은 눈물범벅이 되어 있었고 나는 싱글벙글 웃고 있었다. 목에 탯줄을 감고 태어난 아기는 열일곱 시간이라는 긴 시간 동안 이 세상으로 나오기 위해 홀로 힘든 싸움을 했다. 그 힘든 싸움을 이겨내서일까? 아기는 3.66kg의 우량아로 건강하게 태어났다. 한 주 늦게 태어나서인지 신생아라는 게 믿어지지 않을 정도로 아주 컸고, 머리카락은 물론 손톱도 제법 자라 있었다. 우리 부부가 가장 궁금해했던 몽고점도 엉덩이와 등 전체에 골고루 퍼져 있다. 몽고점이 신기했던 남편은 아기의 탄생을 축하하러 온 친구들에게 아기가 지닌 푸른 반점을 설명하느라 바빴다. 설명하는 내내 남편의 얼굴은 흐뭇해 마지않는 듯 보였다. 이렇게 큰 아기가 내 배 속에서 숨 쉬고 딸꾹질하고 발차기를 하며 나와 10달 하고도 7일을 소통했다는 사실에 가슴이 벅차올랐다.

"잘 왔다, 우리 아기! 장하다!"

우리는 '하늘과 바다를 품었다'는 뜻을 담아 아기의 이름을 '마르셀'이라 지었다.

선택

인생을 살다 보면 늘 선택의 갈림길에 서게 된다. 검은색과 빨간색 코트 중 어느 것을 입을지와 같은 사소한 선택에서부터, 어렵게 얻은 아기를 피검사로 나온 기형아의 수치 때문에 유산시킬 것인지 말 것인지와 같은 어마어마한 선택을 해야 할 때도 있다.

네 번의 임신 끝에 처음으로 10주를 무사히 넘긴 아기. 초음파 속 콩만 한 아기를 우리는 '콩이'라 불렀다. 나와 남편은 콩이의 심장 뛰는 소리만으로도 행복에 겨워 날아갈 것 같은 하루하루를 보내고 있었다. 그러던 어느 날, 악몽 같은 14주째가 찾아왔다. 그날도 콩이가 얼마나 컸을까 하는 기대를 가득 안고 정기검진을 받으러 병원에 갔다. 초음파로 만난 콩이는 여전히 잘 자라고 있었다. 그러나 기뻐하는 것도 잠시, 청천벽력 같은 검사 결과가 우리를 기다리고 있었다. 태아 목 뒤쪽의 투명대 치수가 너무 넓어 피검사를 했는데, 다운증후군 확률이 9대 1이나 나온 것이다. 의사는 말했다. 장애아로 태어날 확률이 높을 뿐 아니라 차차 심장기형과 같은 이상증후가 나타날 확률이 높다고. 더욱이 나의 계류유산 경험과 마흔이 넘은 나이의 첫 출산을 생각하면 전체적으로 상황이 매우 좋지 않다고 말이다. 의사는 양수검사를 하면 99% 정확한 결과를 알 수 있으니 서둘러 검사할 것을 권

했다. 16주 전에 아이를 지워야 엄마의 건강에도 문제가 없을 거라고 설명했다. 행여나 하는 마음에 다시 투명대의 길이를 재봤지만, 결과는 마찬가지였다. 고작 5mm도 안 되는 작은 물방울처럼 생긴 공간이 아기와 우리 부부의 미래를 쥐고 송두리째 흔들고 있었다.

의사에게 생각해보고 연락하겠다는 말을 남기고 집으로 돌아오는 길, 남편과 나는 어떤 말도 하지 않았다. 다만 각자 소리 없는 눈물만을 가슴으로 흘렸다. 한참을 달리다 나는 차를 세웠다. 그리고 침묵을 깼다.

"양수 검사를 했는데 만에 하나 콩이가 다운증후군이라고 하면 어떻게 할 거야? 유산시켜야 할까?"

"네 생각은 어떤데?" 남편은 조심스럽게 내 의견을 물었다.

"콩이는 우리에게 온 선물이야. 난 콩이가 살아 있을 때까지 함께 하고 싶어. 절대로, 절대로 이 아이를 포기하고 싶지 않아."

"나도 너와 같은 생각이야." 남편은 말했다.

"그렇다면 양수 검사하지 말자. 만약에 콩이가 다운증후군이라면, 정말로 그렇다면 결과를 미리 알아야 할 이유도 없잖아! 콩이가 어떤 모습으로 태어나든 우리 아기잖아!"

뜨거운 눈물이 와락 쏟아졌다. 콩이가 다운증후군 확률이 높다는 얘기를 들었을 때도 흘리지 않았던 눈물이 쏟아져 내렸다. 나와 같은 마음으로 콩이의 탄생을 기다리면서 내 의견에 동의해준 남편이 고맙고 한없이 듬직했기 때문이었다. 우리는 병원에 연락해 양수검사는 하지 않을 것이며, 어떤 결과라도 묵묵히 받아들이고 끝까지 아기를 지킬 것이라는 의사를 전달했다.

담당 의사는 우리의 의사를 존중해주었다. 대신 만일의 경우를 대비해 다른 임신부보다 자주 초음파 검사와 정밀검사가 이루어질 것이라고 했다. 어차피 시간이 지나면 서서히 그 형태를 드러낼 일이기에 우리는 더는 애태우지 않기로 마음먹었다. 우리에게 중요한 것은 내 배 속에서 콩이가 자라고 있고 내 심장과 함께 콩이의 심장이 뛰고 있다는 사실뿐이었다.

고맙게도 콩이는 24주가 지나서도 다운증후군의 증상 없이 건강하게 자라주었다. 아직 마음 놓기에는 이른 상황이었지만, 우리는 그 순간 세상 어느 부모보다도 운이 좋은 사람이라고 느꼈다. 무사히 24주를 넘긴 기념이라고나 할까, 우리는 '콩이'를 '용돌이'라고 부르기로 했다. 거기에는, 태어날 용띠 해를 맞아 용처럼 씩씩하고 강하게 이 세상으로 솟아 나오라는 의미를 담았다.

인생은 선택이다. 어느 순간은 삶이 너무 잔혹한 것이 아니냐는 의문이 들 정도로 힘든 선택을 해야 할 때가 온다. 그 선택의 순간 내 손을 꼭 잡아줄 누군가가 옆에 있다는 것은 커다란 행운이 아닐 수 없다. 막 걸음마를 떼기 시작해서 넘어지고 자빠지고 구를 때 늘 옆에서 지켜보며 손을 잡아주던 부모, 마음의 갈피를 잡지 못하고 방황하던 시절 손을 이끌어주던 친구와 스승, 그리고 인생의 고통도 기쁨도 함께 나눌 준비가 된 동반자. 그들이 있었기에 지금껏 나는 힘을 낼 수 있었다. 그렇기에 나는 이 선택에 일절의 후회도 없다.

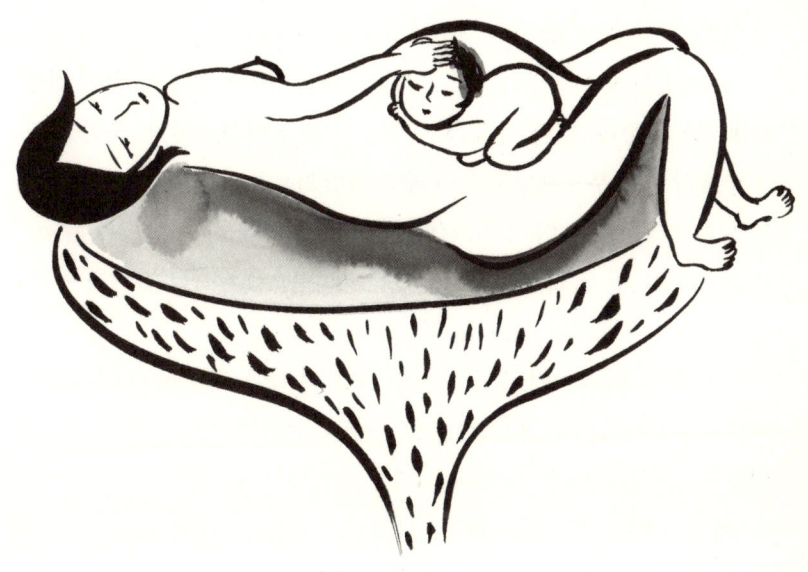

태교에 정답이 있을까

태교란 무엇일까? 배 속의 아이를 위해 무엇을 할 수 있을까를 고민하다 다다른 질문이다. 분명 좋은 생각을 하고, 좋은 음악을 듣고, 좋은 책을 읽고, 좋은 것을 보는 것은 매우 중요할뿐더러 배 속의 아이에게도 좋을 것임이 틀림없다. 하지만 곰곰이 생각해보니 우리가 말하는 좋은 태교는 대부분 누군가에 의해 정해진 것들이었다. 누군가를 따라 하고 흉내 내는 태교란 다시 말하면 아기가 배 속에 있을 때부터 남들과 비슷한 인성과 학습을 가르치고 비슷한 생각을 심어주고 있는 것과 마찬가지가 아닐까? 각지의 태생이 다르고 인성이 다를 텐데 다른 사람의 태교를 따라 한다는 건 다른 사람의 삶을 흉내 내는 것밖에 되지 않을지도 모른다는 생각이 들었다. 그렇다면 내 아이를 위한 태교는 무엇이 좋을까?

　임신 사실을 안 것은 한국에서 열릴 전시를 마무리하기 위해 막 한국행 비행기 표를 끊었을 무렵이었다. 세 번의 유산 끝에 어렵게 얻은 아이였던 만큼 나는 고심 끝에 한국행을 포기하기로 했다. 당시 나는 전시뿐만 아니라 두 번째 책을 출간하기 위해 원고 집필과 그림 작업을 겸하고 있었다. 배 속의 아이를 생각하면 그것 역시 내려놓는 것이 옳을지도 모르지만, 책만큼은 일정대로 진행하고 싶었다. 이 아이와 열 달 동안 함께할 수 있을지 아직 알 수는 없었지만, 무료하게 시간을 지내기보다는 좋아하는 그림을 그리고 글을 쓰면서 보내는 게 나에게도 아이에게도 더 좋겠다고 생각했다. 무엇보다 글을 쓰고 그림을 그리면서 몸을 심하게 움직이는 일은 없을 테고, 무리만 하지 않는다면 평상시의 컨디션으로도 충분히 가능할 거 같았다.

책의 주제는 음식이었다. 음식은 그림 말고 내가 두 번째로 좋아하는 것이었다. 좋아하는 것이니만큼 충분히 즐기면서 할 수 있을 것이라 확신했다. 나는 아이가 태어나기 한 달 전까지 책을 마무리하기로 결심했다. 하루에 2시간씩, 45분 쓰고 15분 휴식을 취하고 다시 45분 그리고 15분 휴식을 취하고. 컨디션이 좋지 않은 날에는 글을 쓰는 것보다 그림을 그리면서 휴식을 취했고, 작업 시간 외에는 좋아하는 음악을 듣거나 음식에 관한 에세이나 소설을 읽었다. 가끔은 집 앞을 거닐며 볕을 쐬고 바람을 맞기도 했다.

나는 사람들이 태교에 좋다고들 하는, 태아의 두뇌계발을 돕는 동화책을 보거나 태교 음악을 듣거나 전시회를 보러 가거나 하지 않았다. 대신 내가 할 수 있는 일들을 즐기는 것을 최선으로 삼았다. 사실 나는 태교에 대해 심도 있게 생각할 여유가 없었다. 오로지 내 머릿속에는 아이가 건강하게 버텨주기를 기도하는 것밖에는, 그리고 이 아이와 함께 책을 잘 마무리하겠다는 생각밖에(출산 전에 책을 마무리하면 배 속의 아이도 건강하게 태어날 거라 스스로 주문을 걸었다) 없었다. 나는 배 속 아이에게 의견이라도 묻듯이 내가 쓴 글을 몇 번이고 읽어주고 그에 관련해 이야기를 나눴다. 그림을 그릴 때도 이야기를 멈추지 않았다. "이 그림에는 이 색이 어울릴 것 같지 않니?", "이 번에는 그림을 이렇게 그려봤어. 엄마가 스페인에 왔을 때 처음 먹어 봤던 음식인데 정말 맛있어." 그러다 배가 고프면 콧노래를 부르며 음식을 만들어 먹었다. 물론 항상 이렇게 즐거울 때만 있는 것은 아니었다. 아랫배가 조금이라도 욱신거리면 행여나 아기가 잘못되지는 않을까 하는 두려움이 밀려와 불안에 떠는 날도 많았다. 그럴 때면 마당을 거닐면서 마음을 달랬고, 훗날 아이에게 전해줄 편지와 그림일기를 쓰면서 두려움을 떨쳐냈다. 그렇게 열 달이란 시간이 지났고 나는 마지막 탈고를 마쳤다.

책을 함께 만들자는 약속 때문이었을까? 탈고를 마치고 불과 며칠 뒤 진통이 시작되었다. 배가 아픈데도 절로 웃음이 났다. 그렇게 태어난 아이는 사물을 인식하기 시작할 무렵부터 연필을 집어 들고 낙서를 하기 시작했고 자다가도 맛있는 냄새가 나면 번쩍 눈을 떴다. 아이를 보면서 나는 생각했다. 아이와 책을 준비하면서 보냈던 그 시간이 나만의 태교법이었다고.

육아전문가라고 불리는 사람이 TV나 책을 통해 좋은 태교법이 무엇인지를 설명하기도 한다. 그러면 예비 엄마들은 전문가가 말하는 태교법을 따라 한다. 좋아하지도 않는 클래식을 듣고, 취미에도 없는 독서를 꾸역꾸역 한다. 하루 몇 시간은 운동하는 게 좋다는 이유로 산모체조를 힘들게 따라 한다. 하지만 과연 그런 태교법이 모든 부모와 아이에게 효과가 있을지는 잘 모르겠다.

부모들의 태교에는 각자의 색깔이 있고 각자의 방법이 있는 거

같다. 내가 아는 에디터는 원고를 편집하는 것을 태교라 생각하고 즐겁게 일에 전념했다고 한다. 또 내가 아는 작곡가는 클래식 대신에 자신의 작업 분야인 록발라드를 듣고 만들면서 태교를 했고, 평상시 조깅을 즐겼던 어떤 엄마는 산모체조 대신에 조깅 코스를 느긋하게 걸으면서 운동을 했다. 이렇듯, 분명 내가 가장 잘하는 것, 좋아하는 것이 있다. 그것들을 하면서 즐겁고 편안한 마음으로 태아와 함께 시간을 보내는 것이 내게 맞는 태교법이 아닐까? 어떤 태교가 올바른 것인지 나는 모른다. 하지만 누군가 내게 어떤 태교가 좋으냐고 묻는다면 나는 이렇게 말하겠다. 본인이 좋아하는 것을 즐기는 것! 엄마가 행복함을 느껴야 태아도 행복하다고.

나는 이상한 노랑 엄마

임신 초기에 읽은 책이 하나 있다. 한 엄마가 아이를 키우면서 기록한 일기와 그림을 엮은 책이었다. 아름다운 일상의 이야기를 아이에게 조곤조곤 들려주고 있는 듯한 글과, 일상을 그림으로 담은 이 책에 나는 푹 빠져들었다. 나는 '그 엄마'를 흉내 내고 싶었다. 그 엄마의 행위보다도 그 마음씨를 고스란히 따라 해서 나만의 것으로 만들고 싶었다. 나의 육아 기록은 그렇게 시작되었다.

　　몇 차례의 유산 후유증으로 아기의 초음파 사진도 제대로 들여다보지 못했던 내게 기록을 한다는 건 큰 용기가 필요한 일이었다. 첫 번째 임신을 했을 때, 나는 초음파 사진을 새 스케치북에 붙이며 잔뜩 들떠 있었다. 그리고 나흘 뒤 배 속 아이를 잃었다. 두 번째 임신 때도 마찬가지였다. 그 뒤부터 나는 초음파 사진 보기를 피했다. 하지만 이번에야말로 그 시간이 얼마나 될지 모르지만 아이와 함께한 기록을 남기고 싶었다. '구더기 무서워 장 못 담글까'는 옛말을 몇 번씩 곱씹어가며 나는 용기를 냈다. 초음파 사진을 일기장에 붙였고, 임신 중에 꿨던 꿈을 기록하고, 기억하고 싶은 순간을 기록했다. 그러다 보면 아기의 얼굴이 그리고 싶어 안달이 나기도 했다. 눈, 코, 입. 어서 빨리 내 손가락으로 그 하나하나를 만지고 그리고 싶었다.

아기를 품에 안고 집으로 들어선 첫날, 나는 제일 먼저 스케치북에 마르셀의 얼굴을 그렸다. 그런데 뜻밖에도 그림 속 얼굴은 마르셀과 전혀 닮아 있지 않았다. 낯설었다. 닷새간 젖을 먹이면서 아기 얼굴에 구멍이 날 정도로 보고 또 봤던 내 아기의 얼굴인데, 스케치북 위의 얼굴은 낯선 얼굴이었다.

시간이 흘러 마르셀의 얼굴들이 담긴 스케치북은 햇살 머금은 밝은 창처럼 고단한 하루의 피곤을 받아주는 마법의 공간으로 변했다. 백일 정도가 지나자, 마르셀의 캐릭터에 생명이 담기기 시작했다. 마르셀이 웃고 우는 표정과 내 머릿속의 이미지가 하나 되기 시작한 것이다. 중요한 것은 잘 그린 그림이 아니라 언젠가 기억해낼 수 없는 소중한 순간을 종이에 고스란히 옮기는 것이었다. 예쁜 것이든 예쁘지 않은 것이든, 솔직하게 그 안에 담아냈다. 어느새 기록의 시간이 5년을 넘어서고 있다. 미처 놓치는 순간들도 많지만, 마르셀이 자라서 이 기록들을 보는 순간을 생각하면 웃음이 절로 난다. 미래의 큰 행복 하나를 예약해두고 있는 셈이다.

2
엄마가 된다는 것

우리 부부는 햇병아리 부모다. 그런 우리 부부가
할 수 있는 것은 턱없이 부족했다. 그러나 부모이기에
잊어서는 안 되는 사실이 있다. 부모가 즐겁고 행복하면
아이도 즐겁고 행복할 거라는 사실, 아이는 그런
경험들을 통해 자신만의 방식으로 삶도 지식도 배워갈
거라는 사실, 그리고 아이를 믿고 기다려주는 게
바로 부모라는 사실이다.

엄마니까 괜찮아

"응애, 응애"로 세상과 소통하는 마르셀과 처음으로 둘만 남겨졌다. 그것은 이제 50일가량 된 아기에게 겨우 젖을 물릴 줄 알게 된 새내기 엄마에게 갑자기 찾아온 하루였다. 한 달 정도 산후조리를 해주신 친정엄마는 한국으로 돌아갈 준비를 위해 언니와 외출하고, 남편은 곧 시작될 학기 회의로 집을 비웠다. 이제 제법 아기와 함께 지내는 것이 익숙하다고, 아무 문제 없을 거라 자부했던 나의 하루는 엉망이 되고 말았다. 본 대로 들은 대로, 지금까지처럼만 하면 되리라는 나의 생각은 무참히 깨지고 말았다.

마르셀은 서툰 엄마와 단둘이 남겨진 게 불안했던지 갑자기 울기 시작했다. 젖을 물려봐도, 안고 등을 토닥이며 달래봐도 울음을 그치지 않았다. 땀을 뻘뻘 흘리며 한참을 씨름하다 이제 자는가 싶어 침대에 눕히는 순간 마르셀은 카랑카랑한 목소리로 다시 울어댔다. 기저귀를 살펴보고 젖을 물리려 해도 마르셀은 거부하고 울기만 했다. 혹시 아픈 건 아닐까 싶어 허둥지둥 체온계를 찾고, 계속된 울음으로 시퍼렇게 질린 얼굴색에 덜컥 겁을 먹고 구급차를 불러야 하는 건 아닌지 마음을 졸였다. 무력한 내가 할 수 있는 거라곤 우는 아이를 안고 이러지도 저러지도 못한 채 발만 동동 구르는 것 말고는 없었다.

서서히 나의 인내와 체력도 한계에 다다랐다. 결국 나는 아기를 안은 채 소파에 걸터앉아 울음을 터뜨렸다. "울지마, 울지마, 아가야." 고장 난 카세트처럼 나는 이 말만을 쉼 없이 되풀이했다. 한 번 눈물이 터지니 걷잡을 수가 없었다. 감정은 극에 달했고 눈물은 멈추지 않았다. 지금껏 살아오면서 미처 쏟아내지 못한 눈물을 모두 쏟아내겠다는 기세로 나는 대성통곡했다.

얼마를 울었을까? 엄마의 울음소리와 들썩이는 가슴팍의 느낌이 이상해서였을까? 아니면 울지 말라며 엄마를 위로해주기 위해서였을까? 마르셀의 울음소리가 잦아드는가 싶더니 마르셀은 눈을 동그랗게 뜨고 말똥말똥 나를 쳐다보고 있었다. 순간 우리의 눈이 마주쳤다. 시간이 멈추기라도 한 듯 우리는 눈물로 범벅된 서로의 얼굴을 한참 동안 바라보았다.

딱히 울 이유는 없었지만, 나는 서러웠고 벅차다는 생각이 들었다. 그 마음은 아기와 단둘이 있는 그 시간에 대한 것이 아니었다. 마르셀을 임신해서부터 지금까지 엄마라는 이유로 온 힘을 다해 버텨온 시간에 대한 힘겨움이었다. "엄마니까 힘내야지, 엄마니까 괜찮아"라며 그동안 스스로 타이르면서 참아왔던 눈물이었다. 예전에 아들만 둘을 둔 친구가 이런 말을 한 적이 있다. 엄마는 아기가 자랄 동안 아프지도 못하고 아파서도 안 된다고 말이다. 당시에는 그 말이 무엇을 의미했는지 알 수 없었으나 지금은 조금이나마 알 것 같았다. 아마도 그건 엄마로서 어떤 고통도 참고 견뎌야 하는, 누구보다 강해야 한다는 마음가짐이었으리라. 임신해서부터 나는 스스로 최면을 걸고 있었

던 것 같다. 어떤 순간도 이겨내야 한다고, 엄마니까 당연한 거라고.

그렇게 한참을 울고 나니 문득 이런 생각이 들었다. 엄마도 때론 아기처럼 본능이 시키는 대로 아프면 아프다고 말하고 울고 싶으면 울어야 하는 게 아닐까. 속 시원히 울었던 덕분에 나는 다시 기운을 낼 수 있었다. 그리고 울음처럼 좋은 보약이 없다는 깨달음도 얻을 수 있었다. 참지 말고 시원하게 터뜨리고 마음에 쌓인 서러움, 우울함, 정체 모를 침울한 감정을 눈물과 함께 쏟아내버리면 어쩌면 더 멋진 엄마로 거듭날 수 있는지도 모른다. 그렇게 비우고 채워가면서 엄마는 힘을 낼 수 있는지도 모른다. 나는 우는 마르셀에게 이렇게 말하고 싶다.

"울어라, 아가야. 네 기분이 나아질 때까지 실컷 울렴!"

햇병아리 부모의 개똥 교육

1989년, 충청도에서 나고 자란 나는 밤잠을 줄여가며 입시를 준비해 청운의 꿈을 안고 서울에 있는 대학에 입학했다. 당시 입시를 준비하면서 내가 했던 생각은 "절대! 내 아이는 이런 교육 환경에서 자라지 않게 하겠어"였다. 그런 점에서 본다면 의도하지는 않았지만, 내 아이는 그런 교육 환경에서 벗어난 것만은 분명하다.

내가 사는 스페인은 유럽에서도 가장 낙후된 교육을 받는 나라라는 평을 받고 있다. 나는 그 평가에 마음을 쓰지 않는다. 나 나름대로 지금의 환경에 만족하기 때문이다. 나는 스페인 사람들도 잘 모르는 작은 바닷가 마을, 바르셀로나에서 한 시간가량 떨어진 인구 4천 명 정도가 사는(7년 정도를 살아 보니 그보다 적은 인구가 사는 거 같다) 작은 시골 마을에 살고 있다. 오가는 사람들이 너무 적어 매표소는 문을 닫고 기차에 올라타 표를 사는 그런 곳, 교육열이 높은 한국 엄마들이 보면 혀를 찼을지도 모를 작은 시골 마을에 살고 있다. 하지만 우리 부부는 이 작은 마을을 사랑한다. 우리는 아이가 바다와 들판과 산을 곁에 두고 자라고, 동네 사람들과 아침저녁으로 안부 인사를 나누는 이 삶이 근사하고 멋진 일이라고 확신한다. 매일 학교에서 닭에게 모이를 주고 토마토 모종이 자라는 걸 보고, 매 주말 염소에게 채소를 가져다주고, 누에가 자라는 걸 지켜보고, 누에가 먹을 뽕잎을 따는 소소한 일상이 근사하다고 확신한다.

몇 번의 좌절 끝에 가진 아이였던 만큼 우리 부부에게 마르셀은 귀하디귀한 존재다. 부모 마음이 다 그렇듯, 해줄 수 있는 거라면 뭐든 해주고 싶고 이 세상에서 가장 좋은 것을 주고 싶다고 생각했다. 우리 부부는 육아 책도 보고 먼저 키워본 사람들의 경험담도 들어보면서 남들이 좋다는 유아용품을 사고, 남들이 좋다는 책을 읽어주고, 남들이 좋다는 육아 방식을 따라 했다.

마르셀이 태어나고 처음 한국에 갔을 때였다. 나는 이제 막 돌이 지난 마르셀 또래의 아이를 둔 엄마의 집을 방문했다. 그 집에 들어선 순간 이제껏 보지 못했던 신세계를 본 듯한 기분이 들었다. 그 집 거실 책꽂이에는 동화전집부터 시작해 위인전, 영어 동화책 등이 빽빽하게 들어 차 있었고, 벽은 숫자, 한글, 알파벳이 그려진 포스터와 그림카드들로 도배되어 있었다. 우리 집 거실이 놀이터 같다면, 그 집 거실은 아이 전용 도서관 같았다. 그 효과 덕분인지, 그 아이는 또래보다 엄마의 말을 잘 알아들었고, 엘리베이터에서 엄마가 말하는 숫자를 가리키기도 했다. 언어력도 월등히 뛰어나 제법 정확한 단어를 구사했다. 그에 반해, 마르셀은 옹알이 같은 말을 내뱉었다. 그 모습을 보는데 마르셀이 뒤떨어지는 아이 같다는 생각에 주눅이 잡혔다. 스페인으로 돌아오자마자 나는 마르셀이 관심을 가지는지는 안중에 없이 책들을 읽어주었다. 그렇게 며칠을 관심도 없는 아이를 붙들고 책을 읽어주고 숫자나 알파벳을 주입식으로 가르쳐보기도 했다.

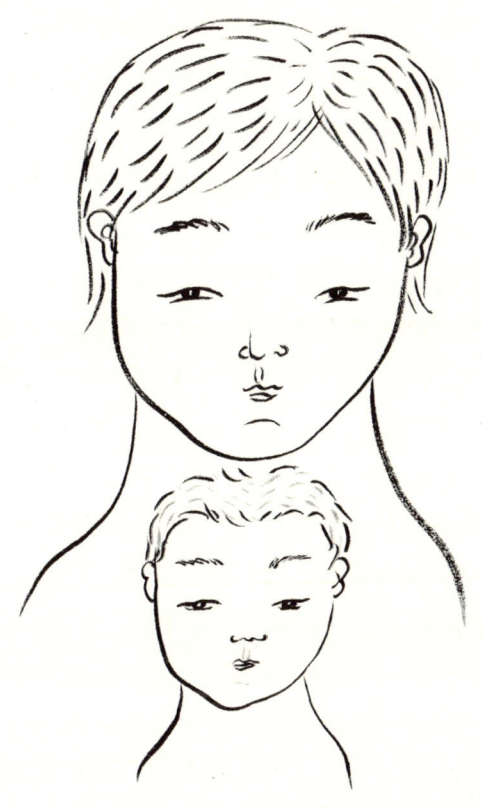

마르셀은 아기다. 아직은 숫자나 한글을 공부하는 것보다 모래 놀이가 더 재미있고, 책을 읽는 것보다 밖에서 뛰노는 게 더 즐거운 아기다. 그러므로 벌써부터 조급해할 필요가 없었다. 다른 아이에게 잘하는 것이 있다면 마르셀에게도 분명 다른 잘하는 것이 있을 것이다. 아직 어린아이에게 부모의 만족을 위해 뭔가 재능을 보여달라고 요구했다고 생각하니 마르셀에게 괜스레 미안해졌다.

아이에게 무엇이 좋고 나쁜지, 무엇이 옳은지 그른지 판단하기란 쉬운 일이 아니다. 하지만 우리 부부가 생각하는 부모가 된다는 의미는 우리의 삶이 180도 바뀌는 것이 아니라 태어날 아기가 우리의 삶 속에 들어와 함께 살아간다는 것을 가리킨다. 우리가 좋아하는 음악을 함께 듣고, 우리가 평소 읽는 책을 함께 읽고, 우리의 여행이 둘이 아닌 셋이 되고, 둘이서 나눴던 일상의 소소한 발견을 이제 셋이서 나누는, 그런 것이었다.

나는 교육에 조급해하지 않을 생각이다. 남들보다 뛰어나지 않아도 좋다. 마르셀이 밝고 씩씩하고 건강하게 자란다면 그것으로 만족한다. 마르셀이 책에 흥미를 느낀다면 책을 읽어줄 것이고, 밖에서 뛰노는 것을 좋아한다면 함께 뛰놀아줄 것이다. 나는 마르셀이 누군가에 의해서가 아니라 스스로 사물에 관심을 두길 바란다. 스스로 생각해가길 원한다. 부모인 우리가 마르셀을 위해 해줄 수 있는 일은, 아이가 놀다가 지쳐 잠시 쉬고자 할 때 그 쉼터를 마련해주는 것일 테다.

잔소리쟁이 아줌마는
되고 싶지 않아

나로 말하면 '쿨한 아내'다. 아니 '아내였다.' 원체 타고난 성격이 괄괄하고 자잘한 것에 마음을 쓰는 성격이 아니었고, 10년 동안 살면서 남편에게 한 번도 잔소리해본 적이 없었다. 한마디로 잔소리하는 아내와는 거리가 먼 아내였다. 이것은 내 나름대로 자긍심이기도 했다. 그런데 그것이 마르셀이 태어나면서 와락 무너져 내렸다. 나와는 천성부터가 다른 남편을 배려하고 이해했던, 멋진 아내였던 내가 어느샌가 잔소리쟁이 아줌마가 되어가고 있었다.

"아~ 똥 쌌다. 기저귀 좀 가져와. 빨리빨리."

"달랑 하나? 좀 넉넉하게 가져다 놓으면 안 돼? 이런 것까지 내가 알려줘야 해?"

"단 한 번이라도 먼저 기저귀 갈아주려고 한 적 있어? 내 몸이 두 개야, 세 개야? 난 화장실 갈 시간도 없다고! 나도 쉬고 싶다고."

기저귀를 가는 동안 내 입에서 쏟아져 나오는 말들이다. 기저귀를 가는 시간은 길어야 1분. 그 짧은 시간에 내 입은 속사포처럼 무수한 불만을 쏟아낸다. 그런데 이 잔소리라는 게 신기하게도 하루만 해도 부쩍 는다. 그 표현 방법까지도 다채로울 정도로 말이다.

나에게 남편 엑토르는, 마르셀이 배 속에 있을 때까지만 해도 괜찮은 남편이었다. 그 괜찮은 남편이 마르셀이 태어나고부터 내 '불만의 대상'이 되고 말았다. 나는 아주 사소한 것 하나에도 남편에게 불만을 느꼈고, 그 불만은 잔소리로 변형되어 입 밖으로 튀어나왔다. 마치 모든 불만의 근원이 남편에게 있기라도 하듯이. 심지어 내 안에서 잔소리가 당연한 것이 되어가고 있었다. 사실 엑토르는 서툴지만, 아들과 많은 시간을 함께하려고 노력하는 아빠였고, 힘들어하는 아내를 위해 무엇을 하면 좋을지 늘 고민하는 남편이었다. 그런 남편을 보고 사람들은 '자상'하다고 말한다. 나도 알고 있다. 남편은 충분히 그 소명을 다 하고자 노력하고 있다는 사실을. 알면서도 나는 남편의 말 하나, 행동 하나하나에 불만을 품었다.

마르셀의 첫 생일을 한 달 정도 앞두고 한국행 비행기에 올랐을 때도 그랬다. 행여 친정엄마가 그립지 않을까 하여 남편이 나를 위해 준비한 여행이었다. 그러나 고마운 마음도 잠시, 공항에서도, 비행기 안에서도 나의 잔소리는 멈추지 않았다. 심지어 아이가 여독에 시달려 힘겨워할 때는 잔소리를 넘어 원망을 퍼붓기까지 했다. 이러지 말아야지, 하고 마음을 다잡아도, 얼마 지나지 않아 나는 다시 잔소리를 퍼부었다. 남편을 향한 불만과 함께 감정 제어조차 하지 못하는 나 자신을 향한 불만도 점점 쌓여갔다.

어떤 때에 내가 잔소리를 늘어놓는지를 잠시 생각해봤다. 아이가 보채거나 울 때, 내 몸이 피곤할 때, 혹은 남편이 알아주지 못할 때 등 여러 가지 상황이 떠올랐다. 바라는 만큼 서운함도 커진다더니, 난

너무 남편에게 많은 것을 바라고 있었던 것은 아니었을까? 잔소리 아줌마인 채로 지내다간 부부 관계를 떠나 아이에게도 좋지 않은 영향을 미칠 것 같다는 생각이 들었다. 하루아침에 잔소리를 안 할 수는 없다. 그렇다면 남편에게 불만을 토로하는 방법을 조금씩 바꾸어가면 어떨까 싶었다. "기저귀 좀 가져와. 빨리빨리"가 아니라 "기저귀가 없네. 내가 지금 움직일 수 없으니 당신이 가져다줄 수 있을까"라는 식으로 말이다. 생각처럼 쉽지는 않았다. 치달아 오르는 감정을 억제하기 위해 심호흡을 했고, 말을 내뱉기 전에 다시 한 번 생각한 다음 입밖으로 내뱉었다. 그러다가도 순간 욱하고 잔소리쟁이 아줌마가 빙의하려 할 때는 '참을 인' 자를 새기면서 금방이라도 튀어나오려는 잔소리를 꼭 붙잡았다.

여자와 남자는 뇌 구조가 다르다. 그래서 여자가 원하는 것을 남자는 모르고 남자가 원하는 것을 여자는 모른다. 대화 방법조차 다르다. 여자가 나무를 이야기한다면 남자는 숲을 이야기할 것이고, 여자가 가슴으로 이야기한다면 남자는 머리로 이야기할 것이다. 남자와 여자관계에서 중요한 것은 '함께'라는 마음이라고 나는 생각한다. 아이 울음소리와 같은 톤으로 남편에게 말하기보다는 연애 시절의 달콤했던 목소리로 속삭이고, 아이에게 하듯이 남편의 손을 잡아주고, 그것이 잔소리쟁이 아줌마가 되지 않는 방법일지 모른다. 그러니 노력하면 다시 예전의 '쿨한 아내'로 돌아갈 수 있으리라.

아이를 기우다 보면 순간순간 고개를 내미는 의문들이 있다. 왜 여자는 육아에 관해 당연히 알 거라고 생각할까? 왜 엄마라는 이유로 모든 것을 잘해내야 하는 게 당연한 걸까? 남자도 여자도, 아빠가 되고 엄마가 되는 게 처음인 건 마찬가지가 아닐까? 아마도 그 질문들은 아이를 키우는 내내 꼬리에 꼬리를 물고 점점 늘어날 것이다. 그 질문들에 대한 어떤 정답도 없다는 사실도 이미 알고 있다. 그저 영리하게 체념해버리거나 신중하게 터트리는 수밖에는. 누군가 엄마는 왜 노력해야 하느냐고 묻는다면 나는 이렇게 대답할 것이다.

"잔소리쟁이 아줌마는 되고 싶지 않아."

엄마의 휴식

세상의 모든 아이는 제6의 감각을 지니고 있는 게 분명해서 어른들이
보여주고 싶지 않은 내면의 마음과 정신도 고스란히 알아챈다. 어디
그뿐인가? 종종 부모 자신도 미처 알아채지 못한 감정까지 고스란히
읽어내 같이 우울해하고 슬퍼하고 기뻐하고 즐거워한다. 그런 인지
부분에서 아이들은 초인간적인 능력을 발휘한다. 그들은 천재이거나
대단한 생명체임이 분명하다.

엄마라는 생명체는 출산하고 얼마 동안은 아이를 낳았다는 기쁨
과 임신 중 몸 안에 넘쳐 흐르던 호르몬의 영향으로 힘든 것도 잊고
그저 행복하다고 느낀다. 하지만 호르몬의 효과도 잠시, 엄마는 산후
후유증과 힘든 육아에 우울해져가고 무기력해진다. 정신적, 육체적 한
계에 다다르는 것이다.

마르셀이 10개월 되었을 무렵 내게도 심한 정신적, 육체적 한계
가 찾아왔다. 밤에 자려고 누우면 심장이 벌렁벌렁 뛰는 것 같았고, 숨
쉬기가 불편하게 느껴질 정도로 목 언저리가 답답했다. 잠을 자고 일
어나도 개운하기는커녕 몸을 일으키기도 힘들 정도였다. 정신력으로
지탱해오던 몸의 균형이 한순간 와르르 무너지는 것 같은 기분이었
다. 며칠 뒤 찾아간 병원에서는 큰 병원으로 갈 것을 권했다. 여러 가

지 검사를 마친 뒤 응급실의 차고 작은 간이침대에 누워 있자니 눈물이 하염없이 흘러내렸다. 몸이 아파서라기보다 내 나이가 너무 많아 아이를 키우기에 힘이 부친 건 아닌지, 만약 내가 병에 걸렸다면 남편 혼자 아이를 키울 수 있을지, 그런 상념에 빠져 주책없게 눈물이 쏟아졌다. 4시간 정도가 지나자 검사 결과가 나왔다. 면역력이 급격히 떨어져 일시적으로 심장박동이 불규칙해졌다는 것이었다. 다행히 일찍 발견해서 별문제 없었지만, 내버려뒀더라면 자다가도 심장마비가 올 수 있었다면서, 의사는 퇴원하더라도 일주일 정도는 완전한 휴식이 필요하다고 당부했다. 밥 먹고 화장실 갈 때 빼고는 침대에서 꿈적도 말고 아이도 절대 안지 말라는 충고도 덧붙였다.

그렇게 나의 일주일 동안의 침대 생활이 시작되었다. 그런데 침대에 누워 있는 동안 마르셀에게 신기한 일이 일어났다. 잠시도 가만히 있지 못하고 엄마 품만 찾던 마르셀이 내가 병원에서 돌아와 침대에 누운 그날 오후부터 달라지기 시작했다. 평소 엄마 몸 위를 등산하듯 기어 올라왔던 마르셀이었기에 당연히 침대로 올라와 놀아달라고 떼를 쓸 것으로 생각했다. 그러나 마르셀은 침대에 누워 있는 엄마를 잠시 바라보더니 말없이 혼자 놀기를 시작했다.

침대 머리맡에 있는 책장에서 책을 꺼냈다 끼웠다 하거나 장난감을 가지고 들어와 침대 옆에서 놀았다. 그뿐만이 아니었다. 평소 아빠를 찬밥처럼 대했던 마르셀이 아빠를 향해 손을 뻗었고 아빠 말을 듣기 시작했다. 마치 의사 선생님의 당부를 새겨듣기라도 한 듯이 마르셀은 엄마가 푹 쉴 수 있도록 최선을 다했다. 마르셀은 놀다가도 누워 있는 내게 다가와 자신의 통통한 볼을 비비고 갔다. 그 모습은 마치 "엄마, 나는 괜찮아요. 힘내요!"라며 응원하는 것 같았다.

아기들은 부모의 모든 행동, 상태, 정신과 심지어 영혼마저도 고스란히 느끼고 그들 스스로 삶에 반영한다. 부모 흉내를 내는 아이의 모습이 재미있고 신기하기도 하겠지만, 아기들은 흉내 이상의 것들을 표현해가고 있는 셈이다. 부모와 자녀는 서로를 마주하며 살아가고 있다. 아기가 웃는 것은 부모가 웃고 있기 때문일 것이고, 아기가 우는 것은 눈물은 보이지 않더라도 내면의 깊은 곳에서 무릎에 얼굴을 묻고 울고 있는 부모를 보았기 때문일 것이다. 만약 지금 아기가 행복한 웃음을 짓고 있다면, 그건 바로 부모가 행복한 미소를 띠고 있다는 증거가 아닐까.

동화를 쓰는 시간

나는 마르셀을 임신해 있는 내내 동화를 쓰고 싶었다. 바르셀로나에 가는 날이면 서점에 들러 동화책 코너를 수없이 기웃거렸고, 동화책을 읽고 있는 아이들이 있으면 궁금증을 참지 못하고 어깨너머로 슬쩍 훔쳐보기도 했다. 배가 불러오는 내내 동화를 쓰고 싶은 욕구는 강했지만, 나는 결국 동화를 쓰지 못했다. 대신 스페인 요리에 관련된 글과 그림을 그려《스페인 타파스 사파리》라는 책을 펴냈다.

　나는 그림을 그리는 사람이다. 집안 곳곳에는 붓이나 펜, 먹, 팔레트, 스케치북 같은 재료가 손 닿을 거리에 널려 있고, 잠시 휴식을 취할 때도 자연스레 그것들을 집어 들어 그림을 그렸다. 임신해 있는 10개월 동안에도 마찬가지였다. 비록 동화는 쓰지 못했지만, 나는 마르셀과 만난 그 첫날의 설렘부터 현재까지를 그림 일기에 담고 있다. 그림 일기 말고도 나는 자주 동네 고양이들을 모델 삼아 고양이 그림을 그린다. 고양이 그림을 넣은 수제 쿠션을 만들어 팔아볼까 싶어 요즘은 고양이 시리즈를 그리고 있는데 따라쟁이 마르셀은 역시 가만있지 못한다. 스케치북을 따로 줘도 꼭 내 스케치북에 그리겠다고 고집을 부린다. 그래서 나는 같은 고양이를 두 개씩 그린다. 그러면 마르셀은 그제야 만족스러운 웃음을 띠고 색칠을 한다.

마르셀과 함께 그림을 그리고 있다 보면 이따금 동화책 생각으로 머릿속이 알록달록해진다. 그럴 때면 동네 고양이들과 마르셀의 이야기를 동화로 써야겠다든가, 그때그때 눈에 들어오는 아이의 모습을 동화로 쓰자고 다짐해본다. 한번은 문득 떠오른 이야기를 그림으로 그려봤다. 호랑이가 달 속의 토끼를 꾀어서 달 밖으로 나오게 하는 이야기였다. 토끼를 등에 업고 가는 호랑이 그림을 마르셀에게 보여주며 이야기를 들려줬다. 마르셀은 그 그림을 말똥말똥 쳐다봤다. 분명 아이가 관심을 보이는 것으로 생각하고, 나는 말했다.

"그다음 이야기가 어떻게 될까? 궁금하지? 궁금하지? 음, 그건 마르셀이 좀 더 커서 엄마에게 물어볼 수 있게 될 때 다시 얘기해줄게."

말도 아직 못하는 아이와 그러고 있다 보면, 문득 동화란 게 꼭 책이라는 꼴을 갖추어야 하는 것만은 아니라는 생각이 들었다. 마르셀과 우리 부부의 일상이 한 편의 멋진 동화일 수 있겠다는 생각이 들었다. 우리가 삶이라는 캔버스에 함께 그림을 그리고 색을 칠하고 있는 이 순간들이 우리에게는 그 어떤 동화보다도 재미있는 동화를 쓰는 시간일지도 모른다. 세상에 딱 하나뿐인 동화를 쓰는 시간 말이다.

부부 싸움

남편 엑토르와 나는 정반대의 사람이다. 천성이 부드럽고 조곤조곤한 말투인 엑토르에 반해 나는 성격도 급하고 목청도 커서 우리 집 담장을 넘는 목소리는 언제나 내 것이다. 서로의 성격을 잘 알고 있었고, 있는 그대로의 서로를 받아들였기에 우리는 다투는 일이 거의 없었다. 우리 부부의 평화가 사라진 것은 마르셀이 태어나고부터였다.

3.66kg의 우량아로 태어난 마르셀은 시간이 지날수록 점점 더 우람해졌다. 한 번씩 고집을 부리며 몸부림이라도 치기 시작하면 나 혼자 힘으로는 도저히 감당해낼 수 없었다. 나는 부족한 기력을 목소리로 보충하겠다는 듯이 목소리를 높였고, 나의 목소리는 점점 더 높아져갔다. 마르셀의 고집은 커갈수록 더욱 드세졌다. 시도 때도 없이 짜증을 내고 고집을 피우고 떼를 썼다. 그때마다 아이 손을 잡아끌어 의자에 앉히고 야단을 치고 화내는 것은 엄마의 몫이었다. 남편은 보고도 모른 척할 때가 많았고, 어쩌다 거드나 싶으면 "마르셀!" 하고 이름을 부르는 정도였다.

사실 야단치고 화를 내는 자체만으로도 온몸의 힘이 빠진다. 그런데 그보다 더 힘이 빠지는 게 있다. 마르셀의 뇌리에 엄마는 악마고 아빠는 천사라고 박혀버리면 어쩌나 하는 생각이 들 때다. 한 번쯤은 남편과 나의 역할이 바뀌어도 되지 않겠느냐는 생각에 심사가 뒤틀리고, 나의 화풀이의 화살은 남편에게로 향한다.

그날도 마찬가지였다. 대형 마트에서 장을 보고 계산하고 나올 때였다. 계산대에서 계산을 마치고 나오면 바로 앞에 아이들이 좋아하는 캐릭터 인형이나 자동차 같은 것들이 든 플라스틱 공을 뽑는 자동판매기가 있다. "NO"를 잘 못 하는 남편은 마트에 올 때마다 마르셀의 징징거림을 막기 위해 플라스틱 공을 사주었고, 마르셀은 마트에 오면 으레 그렇듯 그 공을 사는 것으로 여겼다. 계산대 입구를 나오자마자 마르셀은 자동판매기 쪽으로 달려가더니 기계를 붙들고 떨어질 생각을 하지 않았다. 어르고 달래도 보고 혼자 두고 가는 시늉을 해도 마르셀은 눈길 한 번 돌리지 않고 기계 앞에 버티고 서 있었다.

슬슬 내 참을성에 한계가 오기 시작했다. 어쩔 수 없이 나는 마르셀을 번쩍 안아 들고 차가 있는 쪽으로 걸어갔다. 마르셀은 그런 엄마의 행동이 못마땅하다는 듯이 발버둥을 치고 마트 전체가 떠나갈 듯이 울기 시작했다. 목청은 또 얼마나 큰지, 지나가는 모든 사람이 쳐다보는 것만 같아 얼굴이 화끈거렸다. 가장 서글펐던 것은 남편의 태도였다. 아빠라는 사람이 도와줄 생각도 하지 않고 마치 타인처럼 우리를 쳐다만 보고 있는 게 아닌가! 가뜩이나 마르셀의 발길질에 제대로 걷지 못해 뒤뚱거리고 마르셀의 무게에 등과 허리가 아프기까지 한데, 남편의 태도에 어이가 없고 눈물이 날 지경이었다. 마르셀을 차에 밀어 넣고 평소보다 더 심하게, 마치 남편에 대한 서운함까지 쏟아붓겠다는 듯이 목청을 올렸다. 그러나 마르셀은 엄마가 그러거나 말거나 차 바닥을 뒹굴며 괴성 같은 울음을 토해냈다. 나의 화는 결국 폭발하고 말았다.

"다 당신 때문이야! 내가 사주지 말라고 몇 번이나 말했잖아. 근데 왜 매번 사줘서 이런 사달을 만들어? 아이 버릇을 나쁘게 들인 장본인이 당신이니 알아서 책임져!"

남편은 대꾸 한마디 하지 않고 질타와 비난을 내뱉는 날 향해 그저 한숨만 내쉬었다. 그 모습에 나는 더욱 화가 치밀어 올랐고 목소리는 더욱 커졌다. 엄마가 아빠에게 소리를 지르는 모습을 보고 상황이 좋지 않다고 느꼈는지, 마르셀은 울음을 멈췄다. 혼자 카시트로 기어 올라가 앉은 뒤 눈물을 닦았다. 마르셀은 자신이 울음을 멈춰야만 엄마와 아빠가 다투는 상황이 종료될 거라고 판단했던 모양이었다. 그뿐만이 아니었다. 그날 이후부터 마르셀은 마트에 가도 플라스틱 공이 담긴 판매기 앞에서 우리를 조르는 일이 없었다.

아이들은 분위기 파악에 능한 재주를 갖고 있다. 그래서 아빠와 엄마 기분이 조금이라도 언짢거나 언성이 높아져도 무슨 일이 일어나고 있는지, 또 이제부터 무슨 일이 일어날지 금방 알아차린다. 그런 상황은 아이를 극도로 예민하고 불안하게 만든다. 그렇다고 부부가 말다툼을 안 할 수는 없다. 아무리 사이좋은 부부라 하더라도 가끔은 불만이 생길 수 있고, 서운한 마음이 들 수밖에 없기 때문이다. 아이를 키우는 부부에게 가장 필요한 것은 어쩌면 배려가 아닌 심호흡과 참을성인지도 모른다. 심호흡으로 일단 마음을 안정시키고 조금만 참으면 어떤 짜증스런 상황도 별것 아닌 게 될 수 있으니까 말이다. 만약 아이 앞에서 화를 내고 큰소리를 냈다면 재빨리 아이에게 손을 내밀어 주고 따뜻한 품으로 안아주자. 아이가 불안해하지 않도록 말이다. 이것이 목소리 큰 내가 남편과 아들을 대할 때 쓰는 방법이다.

엄마 이름 석 자

나는 스페인에 살면서도 한국과의 연을 놓지 않고 일을 한다. 그러다 보니 일 년 중 짧게는 사분지 일을, 길게는 삼분지 일을 한국에서 보낸다. 유럽의 다른 도시에서 전시가 있을 때면 며칠 혹은 몇 달을 그곳에 살면서 그림 작업을 했다. 내 일을 위해서라면 유럽에서 미국으로, 미국에서 한국으로 한걸음에 달려갈 정도로 나는 일을 좋아했고 한곳에 가만히 있지 못하는 성격이었다. 그랬던 내가 마르셀을 임신하고부터 모든 활동을 '땡' 하고 멈추고 엄마로서의 역할에 집중했다.

임신해 있는 동안 나는 최대한 몸을 움직이는 일을 피했다. 움직이는 범위라곤 책상에 앉아 그림을 그리거나 집 앞을 산책하는 게 고작이었다. 그것은 출산해서도 마찬가지였다. 그렇게 나는 2년이라는 세월 동안 일을 등진 채 아이와의 시간에 전념했다. 2년이라는 시간은 생각보다 더 길었다. 2년이 아니라 3년 그 이상도 버틸 수 있으리라 생각했건만, 나는 집에만 있는 생활에 스멀스멀 답답증이 일었고, 나의 몸은 바깥세상으로 나가고 싶어 근질거리기 시작했다. 나의 답답증을 해소해준 것은 여행사 통역이었다. 예전에도 디자인과 도시 관련 세미나에서 동시통역을 한 적이 있어서 그다지 부담스러운 일은 아니었다. 나는 망설임 없이 젖 냄새나는 티셔츠를 벗어 던지고 바깥세상으로 나갔다.

첫 일을 나가는 날, 나는 약속 시각보다 두 시간 일찍 약속 장소에 도착해 카페에서 커피와 크루아상으로 아침 식사를 했다. 어제까지만 해도 아이와 씨름했던 아침 시간에 혼자 카페에 앉아 신문을 읽고 커피를 마시고 있다는 사실이 믿기지 않았다. 온전히 나만을 위한 이 시간이, 아이가 생기기 전까지 대수롭지 않게 여겼던 일상들이 신선하게 다가왔다.

나는 마르셀의 엄마다. 하지만 엄마이기 이전에 '유혜영'이다. 엄마로 사는 삶도 충실히 해내고 싶은 만큼 '유혜영'으로 사는 삶도 충실히 해내고 싶다. 그게 엄마이면서 '유혜영'인 내가 원하는 삶이다. 나는 무리가 가지 않는 범위 내에서 다시 일을 시작했다. 처음에는 쉽지만은 않았다. 외출하는 엄마를 향해 팔을 뻗는 아이가 눈에 밟혀 쉽게 발이 떨어지질 않았고, 밤중에 엄마를 찾다 울면서 잠들었다는 얘기를 듣고 홀로 훌쩍이며 이게 과연 잘하는 것인지를 스스로 여러 번 되묻기도 했다.

일하다 보면 가끔은 며칠씩 출장을 다녀와야 할 때도 있었다. 그럴 때면 나는 마르셀에게 엄마가 일 때문에 며칠 집을 비우지만 반드시 돌아오리라는 것을 알려줬다. 아이가 불안해할까 봐 "금방 올게"라는 말로 얼버무리기보다는 엄마의 상황을 확실하게 알려주는 것이 옳다고 생각했기 때문이다. 일을 마치고 집으로 돌아간 뒤에는 엄마가 어디를 다녀왔는지, 어디에서 무엇을 했는지 얘기를 들려주고 그림을 그려줬다. 이제 제법 말귀를 알아듣는 마르셀은 환하게 웃으며 엄마를 배

웅하고, 엄마가 돌아온 뒤 들려주는 얘기에 귀를 기울인다. 물론 집으로 돌아오는 엄마의 손에 들려 있을 선물에 대한 기대 또한 더 커졌으리라 짐작한다. 무엇보다 내가 다시 일할 수 있었던 데는 마르셀에게서 눈을 떼지 않고 돌봐주는 남편의 외조가 있었기에 가능한 일이었다.

한국 엄마들도 그렇지만, 스페인 엄마들도 아이가 세 돌이 지날 때까지 단 하루도 떨어져 지낸 적이 없는 엄마들이 많다. 그들은 종종 일하면서 아이 생각이 나지 않느냐, 걱정되지 않느냐는 질문을 한다. 그러면 나는 일하는 시간에는 온전히 일에만 몰두하고 아이와 함께 있는 시간에는 온전히 아이에게 몰두하기 위해 노력한다고 대답한다.

아이들은 자라는 속도만큼이나 모든 것에 빨리 적응한다. 그 속도는 우리가 상상도 못 할 정도다. 장담하건대 그런 아이들의 속도를 어른들이 따라가기란 불가능할 것이다. 나는 엄마라는 명찰을 가슴에 달기 시작하면서 2년 동안 모든 것을 내려놓고 아이에게 내 모든 것을 맞춰갔다. 물론 아이와 함께하는 시간은 더없이 소중하다. 하지만 과연 엄마의 모든 시간을 아이에게 쏟아붓는 것이 좋은 엄마가 되는 최고의 방법일지는 좀 더 고민해봐야 한다고 생각한다. 청소를 잘하는 사람이 있는가 하면 청소가 서툰 사람이 있고, 요리를 잘하는 사람이 있는가 하면 요리가 서툰 사람도 있다. 엄마도 마찬가지가 아닐까?

엄마는 만능 슈퍼우먼이 아니다. 그렇기에 자신과 아이를 위한 적절한 시간 분배가 필요하다. 자신이 좋아하는 것에 몰두할 줄 아는 엄마, 행복과 보람을 아는 엄마야말로 아이에게 행복이 무엇인지 제대로 가르쳐줄 수 있지 않을까? 나도 마찬가지지만 모든 엄마가 순간순간 잊고 사는 게 있다. 바로 아이만을 위한 오늘이 아니라 엄마도 함께 행복할 수 있는 오늘이 더 중요하다는 사실. 엄마라는 이름을 달고 살아가는 모든 엄마가 누구누구의 엄마이기 이전에 자신의 이름 석 자를 가진 한 여자이고 한 사람임을 잊지 않았으면 좋겠다.

앙팡 테리블

올여름 두 돌을 맞이한 마르셀은 양어깨의 날개를 뗐다. 천사에서 '앙팡 테리블Enfant Terrible, 무서운 아이'이 된 것이다. 아이들은 하루가 다르게 변한다고 하지만, 두 돌을 지난 마르셀의 변화는 도저히 따라잡을 수 없었다.

　1에서 10까지의 숫자를 한국어로, 스페인어로, 영어로 따라 하는 모습을 볼 때면 우리 아이가 천재구나 하고 감탄하고, 혼자 태블릿을 켜고 유튜브에서 노래를 찾아 따라 부르는 모습을 볼 때면 제2의 스티브 잡스가 되겠구나 싶고, 노래를 부르면서 춤을 추는 모습을 보면 아이돌 가수가 되겠구나 싶어 마음을 설렌다. 하지만 그 순간도 잠시, 마음의 준비도 할 새 없이 마르셀은 금세 악당으로 둔갑한다. 어른이었다면 조울증이 의심스러울 정도로, 세상에서 가장 행복한 아이처럼 기뻐하는가 싶으면 순간 돌변해 이유 없이 떼를 쓰고 화를 낸다.

　남들이 보기에 나는 '아들 바보'처럼 보일지 모른다. 하기야 마르셀의 대견스럽고 자랑스러운 이야기를 무용담 늘어놓듯 하니 그리 생각하는 것도 당연하다. 그러나 이런 나도 사실은 생각이 많다. 과연 내가 이 아이를 잘 키울 수 있을까? 정신이 건강한 아이로 키우기에 나는 충분히 건강한 사람인가? 벌써 이렇게 힘들면 사춘기 때는 어떻게 하지? 우리 부부는 지금 잘하고 있는 걸까?

며칠 전 잘 보지도 않는 TV 프로그램 '슈퍼 내니Super Nanny, 한국의 '우리 아이가 달라졌어요' 같은 영국 TV 프로그램'를 봤다. 아이가 생기기 전에는 "부모가 얼마나 제 아이를 모르면 아이를 저렇게 만들었을까?"라며 혀를 끌끌 차며 채널을 돌려버렸던 프로그램이었다. 그러나 이제는 그들의 일이 남 일처럼 느껴지지 않았다. 씁쓸한 마음에 프로그램이 끝나기도 전에 TV를 껐다. 덩그러니 놓인 모니터만 멍하니 보고 있으니 심장이 콩닥거렸다. 100m 달리기를 한 것처럼 숨이 가빠왔다. 분명 나는 엄마 역할에 최선을 다하고 있다. 그런데 뭐가 문제인지, 어떻게 하면 좋을지 전혀 알 수 없었다. 하지만 그 누구도 내가 될 수 없고 내아이가 될 수 없다. 답은 스스로 찾아가야 한다. 한 발짝 한 발짝 천천히 내디디며 아이와 눈을 맞추고 생각을 맞춰가다 보면 나만의 '두 돌 공포증' 답안을 작성해갈 수 있지 않을까? 오늘도 나는 생각이 많다.

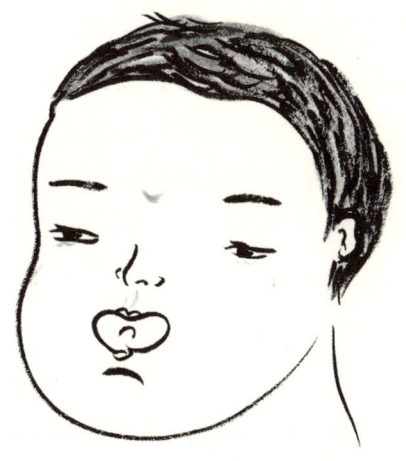

여행은 좋은 스승

우리 부부가 한순간의 망설임 없이 의견일치를 보는 것이 있다. 바로 여행이다. 먹고사는 일, 책을 사는 일 외에는 거의 돈을 쓰지 않는 엑토르는 여행에서만큼은 호기로울 정도로 돈을 쓴다. 우리 부부는 조금이라도 시간 여유가 있으면 어디로든 떠났다.

마르셀을 임신하고 출산하면서 한동안 발이 묶였던 우리는, 아이와 함께 떠나는 장거리 여행을 계획했다. 주변 사람들 모두 아이에게 장거리 여행은 힘들 거라고 말했다. 우리 역시 아이에게 육체적 부담을 주는 건 아닌지, 아직 백일도 지나지 않은 아이를 데리고 여행을 떠나는 것이 과연 옳은지 고민하지 않을 수 없었다. 하지만 우리는 걱정스러운 마음을 접고 90일 된 마르셀과 첫 여행을 떠났다. 그렇게 우리 가족의 여행은 시작되었다. 첫 여행지는 북쪽 바스크 지방의 도시 빌바오였다. 500km가 넘는 거리를 마르셀은 잘 버텨주었다. 두 번째 여행은 마르셀이 첫 돌을 맞을 무렵 다녀온 한국이었다. 이때 마르셀은 생애 처음 15시간 동안 비행기를 탔다. 세 번째 여행은 2014년 여름 휴가로 떠난 자동차 여행이었다. 우리는 차를 타고 안도라를 거쳐 왕복 1,800km가 넘는 프랑스 북부 노르망디 지방을 다녀왔다. 일주일 동안 자동차로 다닌 거리가 총 2,600km였으니 마르셀에게는 꽤나 힘든 여행이었을 것이다. 네 번째 여행은 2015년 가을 초 남프랑스를 거쳐 세계에서 가장 터널이 많은 알프스 산맥을 지나 토스카나 지방까지 다녀온 여행이었다(우리는 프랑스 국경에서 이탈리아 제노바까지 180여 개 터널을 지났다). 열흘 동안 우리는 차로 3,000km를 달렸다. 마르셀이 여러 차례 장거리 여행이 가능했던 이유 중 하나는 아마도 부모를 닮아서일 테고, 다른 하나는 조금씩 거리를 늘려가며 여행했던 방법이 효과가 있었기 때문일 테다.

마르셀은 이 몇 차례의 여행 기간 내내 즐거워 보였다. 잠도 잘 잤고 새로운 장소에 가면 그곳의 경치와 풍경을 자신의 방식대로 즐겼다. 특히 각 도시의 토속 음식이나 과자를 맛볼 때면 누구보다 그 맛에 감탄하는 듯 보였다. 여행 도중 마르셀이 관심을 보이는 것 중 하나가 언어였다. 마르셀은 이탈리아와 프랑스를 오가며 이들의 언어가 달라진다는 사실을 알아챘다. 이탈리아에서 프랑스 국경을 넘어 주유소에 들렀을 때, 주유를 해주는 프랑스 아가씨의 말을 듣고 마르셀은 내게 물었다.

"엄마 저 여자는 어느 나라 말을 하는 거야?"

"응, 프랑스 말. 왜냐면 우리는 막 국경을 넘어 프랑스에 왔거든. 저 여자는 프랑스 사람이고, 그래서 프랑스 말을 하는 거야."

아직 국경에 대한 이해는 부족하지만, 우리가 스페인을 벗어나면 인터넷이 안 되고 호텔에 도착해야 인터넷이 된다는 사실을 인식하는 걸 보면, 마르셀은 어떤 방식으로든 국경에 대해 인식하는 게 분명했다. 국경을 넘을 때마다 우리 부부는 서투르지만, 그 나라 말로 인사를 한다. "안녕하세요.", "고맙습니다." 그러면 흉내쟁이 마르셀도 따라 한다. 그러면서 마르셀 스스로 언어의 다른 점을 인식해가는 것 같다. 집에 돌아오고 나서도 마르셀은 종종 친구를 만나면 "본 조르노 Buongiorno"라고 이탈리아식 아침 인사를 한다. 여행을 통해 다른 나라 언어를 듣고 그들의 음식과 문화를 나누는 일처럼 즐거운 일은 없다. 마르셀도 이 즐거움을 알아가고 있다고 나는 확신한다.

나는야 헤이

유치원이 끝나면 아이들은 유치원 앞 공원에서 삼삼오오 모여 놀고, 부모들은 아이들을 지켜보며 수다를 떤다. 이것이 이곳에서의 일상적인 풍경이다. 두말할 것도 없이 부모들의 이야기 주제는 언제나 아이들이다. 아이가 부린 말썽이나 새로운 습관, 학교생활 혹은 아이들의 먹거리 정보 등을 교환한다. 한국과 큰 차이가 없어 보이는 이 풍경을 보고 있으면 어느 나라이건 부모는 다 똑같다는 말이 맞는다는 걸 실감한다.

비바람이 치고 궂은 날이 며칠씩 계속되던 어느 날, 나는 마르셀 친구 몇 명과 부모들을 집으로 초대했다. 마침 과자와 파이를 구웠던 터라 손님 대접을 하기에도 안성맞춤이었다. 아이들은 그곳이 어디든 놀러 가는 것을 마다치 않는다. 모든 것이 새롭기 때문이다. 집에 놀러 온 아이들은 아니나 다를까, 테이블 위에 가득 놓인 물감과 종이에 관심을 가졌다. 나는 즉석에서 미술 시간을 만들어, 아이들과 그림 그리기 놀이를 했다. 아이들은 종이는 물론 손이며 얼굴 할 것 없이 물감과 크레용을 칠하며 즐거운 한나절을 보냈다. 그런 아이들의 모습에 이런 놀이 시간을 주기적으로 해주면 좋겠다는 생각이 들었다.

마르셀의 유아원 친구 부모 중에는 쌍둥이 엄마이면서 사진을 찍는 누리아가 있다. 누리아와 나는 '가우디'라는 이름으로, 아이들과 함께 그림을 그리고 공작을 하는 미술 프로그램을 만들었다. 내가 아이들과 그림을 그리고 공작을 하면 누리아가 그 모습들을 사진으로 기록했다. 그리고 언젠가 그 기록들을 책으로 만들기로 했다. 시간이 지날수록 참여하는 아이들의 수도 늘어났고, 아이들은 물론 부모들의 만족도도 커졌다. 아이들은 그림을 그리고 공작을 하는 시간이 늘어날수록 더욱 친밀감을 느끼는 듯했다.

이제 동네 아이들은 나를 "헤이"라 부른다. "혜영"이란 발음이 어렵고 생소해서 이름의 앞글자만 따서 부르는 것이다. 비록 반쪽짜리 이름이지만, 아이들이 나를 "헤이~"라고 부를 때면 기분이 좋아지고 어깨가 으쓱해진다.

"올라, 헤이."

3
아이의 세상

아이를 키우는 일은 힘들다. 그런데도 이 세상에 수많은
아이들이 존재하는 데는 그만한 이유가 있는 거 같다.
부모는 무력하다. 달래보기도 하고, 때론 엄격하게 말을
해보거나 화를 내보기도 하지만, 결국 부모는 아이 앞에서
한없이 약한 존재다. 그런 모습을 보면 부모의 사랑은
어쩌면 짝사랑일지 모르겠다는 생각이 든다.

엄마 마음, 아기 마음

겨울 날씨치고는 따사로운 지중해의 아침. 따뜻한 카페 콘 레체스페인식 카페오레와 보카디요스페인식 샌드위치로 여유롭게 아침 식사를 끝내고 바닷가를 산책했다.

오늘은 마르셀이 친구들과 파자마 파티를 하는 날이다. 어젯밤 마르셀이 잠든 뒤 남편과 나는 거실 가득 풍선을 불어놓고 장난감을 전부 거실로 내놓아 거실을 키즈 카페처럼 꾸몄다. 아침에 거실로 내려온 마르셀의 눈이 휘둥그레지더니 곧 신나서 팔딱팔딱 뛰었다. 그 모습에 마음이 흐뭇해졌다. 파자마 파티 생각에 덩달아 들뜬 나는 마르셀에게 새 옷을 입히고 산책을 나섰다.

이제 제법 걸음다운 걸음을 걸을 수 있게 된 17개월짜리 마르셀은 낡은 플라스틱 트럭을 가진 친구 닐의 집 앞에 다다르자 두리번거리기 시작했다. 활짝 열린 문밖으로 마침 반가운 얼굴이 보였다. 닐이었다. 닐은 집 밖으로 뛰어나와 바닷가 앞까지 달려가 모래 놀이를 시작했다. 마르셀도 친구를 따라 모래밭 위로 기꺼이 몸을 내던졌다. 말릴 새도 없이 닐과 마르셀은 모래사장에서 한 덩어리가 되어 구르고, 뛰고, 그리고는 잔파도가 철썩이는 물가 바로 앞까지 한달음에 달려갔다. 닐의 부모와 이야기를 나누던 나는 깜짝 놀라 헐레벌떡 아이들

뒤를 쫓았다. 하지만 이미 두 아이는 물기를 흠뻑 머금은 모래와 자갈밭 위를 구르고 있었다.

아이들의 옷은 바닷물에 젖어 축 늘어져 있었고 머리와 어깨에는 축축한 모래가 잔뜩 붙어 있었다. "아, 이 옷은 오늘 저녁까지 입어야 하는데." 철쭉꽃처럼 싱싱하던 마르셀의 진분홍 스웨터는 씹다 버린 풍선껌처럼 볼품없이 늘어지고, 바닷물로 얼룩진 바지는 바다에서 막 건져낸 미역 같았다. 감기 걸리면 어쩌지, 이젠 뭘 입히지, 젖은 아이를 어떻게 차에 태울지 걱정이 앞섰다.

엄마의 걱정 따위는 아랑곳없다는 듯 아이들의 웃음소리가 저 멀리 수평선까지 울려 퍼졌다. 체념이 빠르니 실망도 빠르게 사라졌다. 나는 잠시 망설이다 물놀이를 할 수 있도록 마르셀의 젖은 신발과 바지를 벗겼다. 그리고 나 역시 운동화를 벗어 던지고 아이들을 따라 물속으로 뛰어들었다. 우리는 파도처럼 물속과 모래사장을 오가며 술래잡기를 했다. 아이들의 깔깔거리는 웃음소리와 나의 걸걸한 웃음소리가 섞여 파도 소리 사이에 녹아내렸다. 시원한 바람이 머리 위를 스치고, 바닷물을 머금은 차가운 모래가 발가락 사이로 파고드는 감촉이 산뜻하게 느껴졌다.

거울아, 거울아

아이의 맑은 얼굴은 모든 것을 비춘다. 다시 말하면 아이는 거울과도 같다. 신기하고 재미있으면서도 한편으로는 무서운, 마음의 거울 같은 존재다. 이 거울에는 부모의 마음이 그대로 투영된다. 그리고 투영된 부모의 마음은 아이의 표정으로 나타난다.

나는 세수할 때 말고는 여간해서 거울을 보지 않는다. 평상시 화장도 잘 하지 않기 때문에 화장을 고친답시고 거울을 들여다보는 일도 없어서 하루 중 거울을 보는 횟수는 극히 적다. 그래서 내가 즐거울 때나 화가 났을 때 어떤 표정을 짓는지 잘 모른다. 그런데 요즘 나는 알지 못했던 나의 표정들과 마주한다. 바로 마르셀의 얼굴을 통해서다. 갓난아기였을 때까지만 해도 마르셀에게는 웃고 우는 얼굴이 다였다. 그런 아이가 돌이 지나면서부터 다양한 표정을 짓기 시작하더니, 두 돌을 지나고부터는 그 작고 동그란 얼굴에 우주의 별만큼이나 많은 표정이 반짝이기 시작했다. 그 표정들 안에는 엄마와 아빠의 것들도 여럿 있었다.

나는 되도록 많은 사진을 찍으려고 한다. 처음에는 그저 아이의 커가는 순간들을 기억하기 위해서였지만, 지금은 미처 알아차리지 못한 마르셀의 마음을 보기 위해서다. 웃고, 울고, 놀고, 잠자고, 아이의

어떤 순간도 놓치고 있지 않다고 자부했지만, 사진을 보다 보면 알지 못했던 아이의 표정이나 지금까지 없었던 표정을 보게 된다. 웃는 모습이 엄마를 쏙 뺐다든지, 책 읽는 진지한 표정이 아빠와 똑같다든지. 행여 우리 부부가 말다툼이라도 한 날에는 사진 속 마르셀의 표정도 어두웠다. 사진 속 마르셀의 얼굴에는 시무룩한 아빠의 표정과 뾰로 통해진 엄마의 표정이 그대로 새겨져 있었다.

표정은 비단 얼굴에만 깃드는 것이 아니라 마음에까지 깃든다. 아이의 표정이 좋지 않다는 건 그 마음 어딘가에 상처가 났다거나 아팠다는 증거일 수 있다. 나는 아이 얼굴에서 슬픈 그림자가 보이거나 아이의 표정이 어두우면 먼저 내 마음의 모양새를 되돌아본다. 그리고 그 모양을 예쁘게 만들려고 애쓴다. 아이 마음속에 나 있을 상처가 엄마의 환한 웃음과 표정으로 낫는다는데, 그깟 좋은 표정 짓는 게 뭐 그리 대수겠는가. 세상에서 가장 예쁘고 맑은 표정을 짓는 내 아이의 눈에 비친 엄마의 얼굴도 그렇게 예쁘고 맑길 바라며, 앞으로 거울을 더 자주 봐야겠다는 다짐을 한다.

"거울아, 거울아, 이 세상에서 누가 가장 예쁘지?"

"바로 너!"

적과의 달콤한 동침, 유튜브

요즘 아이들을 두고 '디지털 원주민 세대'라고들 한다. 정말이지 그 말이 맞다 싶을 정도로 마르셀은 아기 때부터 유튜브 보기를 좋아했고, 가르쳐주지 않았는데 어느새 혼자서 조작까지 가능해졌다. 마르셀의 스마트 기기의 조작 능력은 날이 거듭될수록 더욱 능숙해졌다.

마르셀이 유튜브라는 동영상에 빠지게 된 데에는 우리 부부의 잘못이 가장 컸다. 우는 아이에게 사탕을 건네듯 칭얼거리고 놀아달라고 매달리는 아이에게 유튜브는 그야말로 사탕 같은 존재였다. 유튜브, 이 달콤한 유혹은 나와 남편이 가장 많은 말다툼을 하는 원인 중 하나였고, 나를 잔소리쟁이 아줌마로 만드는 원인 중 하나였고, 마르셀이 영상의 세계에 빠져 책 보기를 등한시하게 된 원인 중 하나였다. 그럼에도 불구하고 마르셀에게서 유튜브를 끊을 수는 없었다. 안 된다는 걸 알면서도, 잠깐의 휴식을 위해 우리 부부는 아이가 원해 마지않는 유튜브를 내밀었다. 실로 적과의 달콤한 동침이 아닐 수 없다.

마르셀이 태어난 여름, 전 세계는 싸이의 '강남 스타일'에 빠져 있었다. 이것이 달콤한 유혹의 시발점이었다. 태어난 지 열흘도 안 된 아이는 싸이의 노래를 들으며 반응을 보였다. 장단에 맞춰 까닥까닥 발을 움직이는 것이(물론 우리 부부의 착각이었을 테지만) 마냥 대견해서 우리는 한 치의 의심도 없이 어리디어린 아이에게 뮤직비디오를 보여주었고, 아이와 함께 '강남 스타일'의 흥겨운 리듬과 뮤직비디오에 빠져들었다. 마르셀은 '강남 스타일'은 물론 뽀로로, 어린이 오페라, 동요, 애니메이션 등 온갖 동영상을 섭렵했다. 동영상을 보느라 다른 아이들보다 늦게 잠을 잤고, 아침에 눈을 뜨자마자 태블릿이나 휴대폰을 먼저 찾았다. 아이의 손에는 책보다 핸드폰이 더 자주 들려 있었고, 집에서나 밖에서나, 식사할 때나 잠자리에서나 마르셀은 당연한 듯 유튜브를 켰다. 아이의 환심을 사기 위해 태블릿을 건넨 남편 탓이라고 잔소리를 퍼붓기도 하지만, 사실 식사를 준비하거나 일을 하면서 나 역시 마르셀에게 태블릿을 쥐여주며 내 시간을 확보했으니, 입이 열 개라도 할 말이 없다.

문제가 있다는 건 알지만, 쉽게 고칠 수도 없는 노릇이었다. 아이의 관심을 돌리기에는 유튜브는 너무도 강력한 유혹이었기에 그보다 더 강력한 존재를 찾기란 어려운 일이었다. 재미있는 이야기를 들려주고 그림을 그려줘도 마르셀은 눈앞에 보이는 태블릿이나 핸드폰에 더 관심을 가졌다. 우선 나는 마르셀이 잠시 한눈을 팔 때 태블릿이나 핸드폰을 마르셀 눈에 보이지 않는 곳에 감췄다. 뜻밖에 아이들은 단순해서 눈에 보이지 않으면 잠깐 찾다가도 새로운 무언가를 건네면 금방 잊어버렸다. 또한 '피할 수 없다면 즐겨라'라는 말처럼 유튜브를 끊을 수 없다면 기꺼이 보여주기로 했다. 단, 마르셀 혼자 보게 하지 않고 엄마와 아빠와 함께 보는 쪽으로 했다. 우리는 유튜브를 보면서 마르셀과 많은 대화를 나누었다. 마르셀에게 질문하고 대답을 끌어내

고 생각하게끔 유도해갔다. 무조건 안 된다는 식이 아니라 조금의 타협점을 두자, 마르셀이 유튜브를 보고 핸드폰을 가지고 노는 시간을 조금씩 제한할 수 있게 되었다.

모든 부모가 공감하는 유튜브라는 이 달콤한 유혹을 외면하기란 쉽지 않다. 그러나 이 유튜브는 꼭 필요한 때도 있고 제법 요긴하게 사용될 때도 있다. 중요한 것은 부모의 관심이다. 아이가 무엇을 보는지, 아이가 어떤 데에 흥미를 보이는지 알아두고, 그것을 함께 공유하고자 하면 유튜브라는 달콤한 사탕은 꽤 좋은 간식이 될 수 있다. 마르셀은 유튜브를 통해 영어에 관심을 가지기 시작했고, 유튜브를 통해 음악에 대한 흥이 자랐고, 이 세계에 다양한 언어가 존재한다는 사실도 깨달았으니, 유튜브는 제법 영양가 있는 간식이 아니었나 싶다.

싫어, 싫어

마르셀과 하루를 보내다 보면 가끔 내 인내를 시험하는 건 아닌지 의문이 들 때가 있다. 세 살짜리 아이의 부모 노릇이란 인내와 동시에 어떻게 해야 할지를 갈등하고 결정하고 실패하고 좌절하고 다시 전략을 세우는 나날을 사는 것이다. 아이를 낳는 순간부터 우리는 자식과의 전쟁을 시작한다. 다만 그 작고 연약함에 속아 그 사실을 모를 뿐이다.

　마르셀이 아기였을 때 나는 그저 우는 아기가 안쓰럽고 안타까울 뿐이었다. 마르셀이 아장아장 걸을 때도 마찬가지였다. 행여나 넘어지지 않을까 노심초사하며 내 허리가 조금 굽더라도 구부정한 자세로 아이 뒤를 졸졸 따라다녔다. 단 한 순간도 전쟁이라 생각하지 않았다. 귀여운 내 새끼를 위한 엄마로서의 당연한 희생이라고만 생각했다. 그런데 세 살이 되어 마르셀의 말문이 조금씩 터지기 시작하면서 전쟁의 원흉은 스멀스멀 그 정체를 드러냈다. 마르셀은 모든 대화를 "싫어"로 일관했다. 무언가 말하려고 웅얼거리다가도 "싫어"를 먼저 내뱉었고, 때로는 눈물 한 방울 나오지 않는 가짜 울음을 울었고, 장소 불문하고 벌렁 드러누워 떼를 썼다.

　마르셀의 "싫어"는 점점 다양해지기 시작했다. 밥을 잘 먹다가도 양파 한 조각을 먹었다며 서럽게 울면서 밥숟가락을 던졌고, 평소 카시트에 잘 앉아 있던 녀석이 고속도로 한복판에서 안전벨트를 풀어달라고 떼를 부렸고, 가만히 서 있는 작은 아이를 휙 밀고 도망치는 짓도 서슴지 않았다. 화를 내고 야단을 치고 때론 타일러봐도 마르셀은 좀처럼 달라지지 않았다. 오히려 더 심해지는 것만 같았다. 그렇게 내 속은 점점 시커멓게 타들어갔다.

한번은 목욕이 싫다며 떼를 쓰는 마르셀을 번쩍 안아 들어 옷을 입힌 채로 욕조에 넣고 샤워 꼭지를 틀었다. 아이가 도저히 통제되지 않을 때는 강경하게 나가는 것도 하나의 방법이라고, 독하게 나가자고 생각해서였다. 머리 위에서 쏟아지는 차가운 물에 흠뻑 젖은 마르셀은 설움과 원망 가득한 눈빛으로(기가 막혀서였는지도 모른다) 나를 쏘아보았다. 마르셀의 눈빛 서슬에 깜짝 놀란 나는 정신이 번쩍 들었다. 지금 나의 행동이 일종의 학대가 아니고 뭐란 말인가!

지금껏 나는 아이와의 소통을 위해 나름대로 최선을 다하고 있다고 생각했다. 따라서 문제는 엄마인 내가 아니라 마르셀에게 있다고 생각했다. 마르셀의 문제를 바로잡기 위해서라면 때론 무관심도, 때론 엄한 처벌도 필요한 것이라며 자신을 합리화하고 있었다. 그리고 언제부턴가 그런 행동이 너무나 당연해져 있었고 익숙해져 있었다. 매 순간이 아이를 위한 것이라는 착각에 빠져 단 한 순간도 아이의 시각에서, 아이의 입장에서 생각해본 적이 없었다.

아이러니하게도 아이들은 두 돌이 지나면 자신이 원하는 것을 좀 더 구체적으로 표현할 수 있는 나이에 도달하는 동시에, 단조로운 요구와 결정을 내리는 데 매우 힘들어한다고 한다. 무언가 한 가지를 선

택하는 것도 힘든데, 선택하자마자 다른 것을 원하는 게 그 연령대 아이들의 특징이라는 것이다. 그들은 나름대로 표현을 하지만, 매우 미숙하고 서툴다. 그러다 보니 완벽을 추구하는 어른의 눈높이에서 아이의 행동은 그저 고집을 피우고 떼를 쓰는 모습으로만 비칠지 모른다. 이 시기의 아이들은 육체적인 조절은 물론 생각이나 표현의 조절, 목소리 크기와 심지어 감정의 조절까지도 다양한 방법으로 경험한다. 아이들은 그 경험을 통해 탐구를 시작하고, 거기에는 늘 "왜?" 혹은 "이것은 뭐야?"라는 질문과 "싫어"라는 대답이 자연스럽게 뒤따른다고 한다. 그리고 그것이 아이들이 세상으로 한 발짝 걸어 나오는 방법이라고 한다. 즉 엄마, 아빠에게는 귀찮고 성가신 것이기도 한 "왜?"는 아이들이 더 많은 정보를 알고 싶어 하는 지적 질문이고, "싫어"는 아이들이 관심을 받고자 하는 표현이자 일종의 의사 전달을 위한 수단이다.

마르셀은 여전히 자신이 원하는 것을 표현하고 얻기 위해 "싫어"를 외치고 울고 떼를 쓴다. 나 또한 여전히 마르셀을 상대로 식은땀을 흘리고 발을 동동 구른다. 갈등하고 결정하고 실패하고 좌절하고 다시 전략을 세우는 나날, 엄마의 인내 시험은 변함없이 현재진행형이다. 아마도 쉽게 끝날 시험은 아닌 듯하다. 다만 이 반복되는 순간들에 애를 쓰고 노력하는 게 엄마만이 아니라 아이도 함께 애를 쓰고 노력하고 있다는 사실을 이제 안다.

엄마와 아이 사이의 거리

아이를 키우면서 가장 난감한 순간은 '떼를 부리며 울 때'다. 특히 집 밖에서 짜증을 내거나 떼를 부리기 시작하면 어떻게 해야 할지 아주 난감하다. 아이의 막무가내 생떼에 식은땀이 나고 한 대 쥐어박고 싶을 정도로 화가 치밀어 오를 때도 있지만, 그렇다고 어떻게 할 수도 없고 어떻게 하면 좋을지도 모른다. 큰소리로 야단을 칠 수도 없고, 오냐오냐 달랠 수도 없는 노릇이다. 때로는 일단 그 상황을 모면하기 위해 아이가 원하는 것을 쥐여주기도 해보지만, 그런 상황이 반복될수록 오히려 역효과만 내고 만다. 돌이켜보면 대개 아이가 생떼를 부리는 순간들은 사실 별것이 아닌 경우가 많다. 아이의 말에 귀를 기울이고 아이의 눈높이에서 바라보고 생각했더라면 아이가 울고 불며 생떼를 부릴 일도 없고 내가 식은땀을 흘리며 아이를 다그치는 일도 없다. 그런데도 다시 그 상황이 오면 아이는 울고 나는 우는 아이 앞에서 안절부절못한 채 식은땀을 흘리며 아이를 다그친다. 자식 훈육이라는 게 쉽지만은 않다는 사실을 피부로 깨닫는 순간이다.

화를 내는 데는 기술이 필요하다. 그리고 화를 내버렸다면 그 후의 감정을 다스리는 기술 또한 필요하다. 나는 아무래도 후자가 더 중요하다고 생각한다. 전문가들은 아이를 야단치기 전에 그들의 이야기를 잘 들어주고 타협점을 찾는 것이 최고의 방법이라 말한다. 하지만 인생이란 게 순탄한 시간만을 내주지는 않으니, 종종 욱하고 화가 치밀어 오르는 것을 참기란 쉽지 않다. 물론 화를 내지 않을 수 있다면 그게 가장 최고의 방법이겠지만, 이미 화를 내고 야단을 쳐버렸는데 어쩌겠는가. 대개 이러고 나면 부모는 미안하면서도 속상한 마음에 사로잡힌다. 그런 때면 나는 잠시 공간과 시간의 거리를 둔다. 아이에게 엄마가 왜 화가 났는지 설명하고 잠시 그 자리를 떠나는 것이다. 처음에는 어떻게 하면 좋을지 몰라 답답한 마음에 자리를 떠났다. 그런데 이것이 뜻밖에 효과가 있었다. 짧으면 몇 분, 길면 십여 분이라는 이 시간이 엄마에게는 머리를 식히고 생각을 정리하고 아이와 제대로 마주할 수 있는 평정심을 마련해주고, 아이에게는 생각하고 반성하고 깨달아 한 뼘 더 성장하는 계기를 마련해준다.

잠깐의 시간을 두고 다시 그 자리로 돌아와보면 마르셀은 잠을 자고 있거나 아무렇지도 않게 장난감을 가지고 놀고 있는 경우가 많다. 그러다가도 엄마의 모습을 발견하면 다시 울먹거리며 이렇게 말한다.

"엄마, 잘못했어요. 다신 안 그럴게요."

살다 보면 딱 그만큼의 거리가 엄마와 아이 사이에 필요한 때가 있다. 재미있는 건 아이들은 조금 전의 그 무지막지한 상황에 마음을 쓰지 않는다는 사실이다. 전기 스위치를 켜고 끄듯이 울다가도 금방 웃고 웃다가도 금방 울고, 그게 아이들이다. 그 모습에 어처구니가 없어 망연자실 웃을 수밖에 없을 때도 있지만, 거기에서 나는 또 하나의 중요한 것을 배운다. 바로 뒤끝 없는 아이들의 태도다.

불과 바로 전까지 화를 내고 야단을 쳤어도 화제를 돌리거나 장난만 쳐도 아이들은 울다가 웃는다. 잘못해서 야단맞았어도 엄마가 주는 따뜻한 밥 한 그릇에 금세 행복해한다. 그러니 엄마도 아이처럼 스트레스에 끙끙거리지 말고 한마디 화를 낸 것으로 응어리를 풀어버리자. 야단친 뒤 마음이 무거우면 아이와 맛있는 과자 한 쪽씩 나누어 먹으며 크게 웃어보자. 어쩌면 아이들의 울다가 웃는 방법만큼이나 스트레스를 덜 받고 간단하면서도 멋지게 감정을 처리하는 방법은 없을지도 모른다.

다 괜찮아

마르셀은 종종 새로운 단어나 어휘력으로 적잖이 우리 부부를 놀래고 두근거리게 한다. 마르셀이 내게 해준 많은 말 중에서 가장 사랑스럽고 행복한 순간은 "엄마, 다 괜찮아Mama, esta be, esta be"라고 말해주는 순간이다. 가끔 화를 이기지 못하고 버럭 성질을 내는 내게 마르셀은 말한다. "엄마, 화내지마. 다 괜찮아"라고. 그 한마디면 어떤 순간에도 거짓말처럼 마음이 차분해지고 너그러워진다.

아이들은 참으로 신기한 존재가 아닐 수 없다. 아이들이란 게 원래 신통한 재주를 타고나는 건지 잘 모르겠지만, 평범한 말 한마디에 욱하는 어른의 화를 단번에 녹여주니 말이다. 나는 힘이 들거나 지칠 때, 스트레스가 가득 쌓여 견디지 못할 때면 마르셀에게 다가가 말한다.

"엄마 좀 안아줄래? 그리고 다 괜찮다고 말해줘."

그러면 마르셀은 작은 손을 뻗어 내 넓은 등을 감싸주며 말한다.

"엄마, 다 괜찮아."

아이를 키우다 보면 부모는 아이에게 많은 위로를 받곤 한다. 세상살이에 지쳐 있다가도 아이의 웃는 얼굴만 봐도 힘이 나고, 사소한 말다툼에 감정이 격해지다가도 아이와 눈길이 마주치는 순간 입가 근

처를 맴돌던 사납고 거칠던 속내가 슬그머니 꼬리를 내리고 사라진다. 축 처진 부모의 어깨너머로 건네는 아이의 "괜찮아"라는 말 한마디에 눈시울이 뜨거워지는 것은, 분명 아이에게 크나큰 위로와 사랑을 받고 있다는 것을 실감하기 때문일 것이다.

아이들은 때론 어른들이 쉽게 말하지 못하는 옳은 말을 서슴없이 내뱉는다. 사소한 일에 화를 참지 못하고 남편을 향해 핀잔의 소리가 입 밖으로 튀어나온 어느 날, 마르셀은 나를 향해 정확하게 말했다.

"엄마, 아빠에게 그렇게 말하지 마."

그 말은 천근의 쇳덩이가 강편치를 날리듯이 내 귀를 멍하게 만든 동시에 내 정신을 바짝 들게 만들었다. 이 작은 아이가, 아니 여전히 아기라고만 생각했던 이 아이가 잘못된 것이 무엇인지 생각하고 그 의사를 정확하게 전달할 수 있는 아이가 되었다. 아들에게 야단맞은 엄마의 마음은 부끄러우면서도, 대견하고 고마운 마음에 가슴 한쪽이 든든하고 따뜻해졌다.

누가 무서운 네 살이라고 했던가? 말을 하고 소통을 시작한 네 살 마르셀은 내게 가장 든든한 친구이고 동료이고 지원군이자, 사랑이다.

그림을 그리는 시간

마르셀과 나는 매일 그림을 그린다. 태교의 힘일까? 앉을 수 있게 될 때부터 마르셀은 엄마와 그림 그리는 시간을 좋아했다. 내가 붓을 쥐면 모든 놀이를 멈추고 어김없이 내 옆에 앉아 그림 그릴 준비를 했고, 내가 그림을 그리고 있으면 나를 따라 그림 그리는 흉내를 냈다. 마르셀은 엄마가 그림을 그려놓은 스케치북 위에 선을 그어 대길 좋아한다. "이쪽은 엄마 것이고 이쪽은 네 것이야." 하지만 이런 말도 필요 없다. 마르셀의 작은 손은 말이 끝나기도 전에 자기 스케치북에서 내 스케치북을 훌쩍 넘어, 심지어 테이블보 위까지 종횡무진 날아다녔다.

마르셀의 그림에는 마르셀만의 감정이 담겨 있다. 재밌는 것은 신기하게도 마르셀이 그린 그림은 기분이 좋은 순간과 좋지 않은 순간의 선이 달랐다. 마르셀의 스케치북을 찬찬히 넘기다 보면 우연이든 필연이든 당시 마르셀의 기분을 고스란히 엿볼 수 있었다. 어떤 그림은 검은 연필의 선이 날카롭고 빠른가 하면 어떤 그림은 부드럽고 유연하다. 또 어떤 그림은 엄마가 그린 제 얼굴에 칠이라도 하듯, 혹은 지워버리기라도 하듯 선을 벅벅 그은 흔적도 있다. 그것들을 보고 있노라면, 마치 비밀이 담긴 코드를 풀어야만 다음 단계로 넘어갈 수 있는 탐험가 같은 기분이 든다.

요즘 마르셀과 나는 그림 재료를 준비해두고 머리를 맞대고 앉아 이야기를 시작한다. 만화영화를 본 날에는 만화영화 이야기를, 바닷가에서 친구들과 논 날에는 놀았던 이야기를, 소풍 간 날에는 소풍 가서 즐거웠던 이야기를 한다. 어느새 네 살이 된 마르셀은 원하는 그림 재료를 이제 스스로 선택해 그림을 그린다. 그림을 그린 다음에는 무엇을 그렸는지 이야기해준다(열에 다섯은 스타워즈의 캐릭터들과 우주선이다. 최근에는 처음으로 가족 그림을 그려 엄마를 설레게 하기도 했다).

마르셀과 함께 그림을 그리면서 배운 것이 하나 있다. 엄마는, 자신이 혹은 타인이 예쁘게 그린 그림 위에 아이가 검은 크레파스로 벅벅 선을 긋더라도 야단치거나 두려워해서는 안 된다는 점이다. 야단을 치거나 저지하는 순간 아이와의 놀이는 끝나버린다. 아이가 신나게 선을 그어대기 시작한 순간은 다시 말해 표현을 시작한 순간이라 할 수 있다. 단순하게 선을 긋는 행동처럼 보이지만 어떤 것을 표현하려는 행동일 수도 있다. 만약 부모의 관점과 판단으로 그것을 저지한다고 생각해보자. 그것은 곧 아이가 표현을 멈춰야 한다는 것과 마찬가지다. 아이들은 자신이 그을 수 있는 선으로 이미지에 더하기를 하면서 표현 방법을 배워간다고 생각한다. 그것이 검은 크레파스로 거칠게 그은 선이라 할지라도 말이다.

혹자들은 이렇게 말할 수도 있다. 엄마가 그림을 그리는 사람이니 오죽이나 잘 그려주고 잘 가르치지 않겠느냐고. 하지만 나 역시 여느 엄마와 마찬가지다. 그저 평범하고 서툰 엄마다. 내가 하는 거라곤 부모의 재능을 물려주는 것이 아니라 아이가 표현하고 소통하고 즐기

게끔 도와주는 것뿐이다. 아이가 그림을 그리겠다고 하면 재료 준비를 도와주고 얼마든지 엉망진창으로 색을 칠하고 놀 수 있는 공간을 마련해주는 것뿐이다. 그리고 아이 옆에 앉아 같이 이야기하고 종이에 선과 색을 함께 얹어가며 그림으로 대화를 나누는 일뿐이다. 거기에는 잘 그린 꽃도 강아지도 사람도 필요 없다.

마르셀이 망친 내 그림은 셀 수 없이 많다. 처음에는 식겁하기도 했지만 뭐 대수겠는가. 그림이야 다시 그리면 된다. 가끔은 다시 그렸을 때 더 좋은 그림이 나올 수도 있다. 그렇게 자유롭게 칠하게 두고 가만히 지켜보면서 이야기를 유도하다 보면 어느새 마르셀은 박수를 치며 즐거워한다. (어른의 기준으로 볼 때) 엉망으로 망쳐진 그림을 보면서 마르셀은 수많은 선 속에 가려진 이미지를 가리키며 '마르셀' 자신이라고 말한다. 이처럼 부모들은 엉망이 된 그림을 보며 한숨짓지만, 아이는 스케치북에 그렸던 이미지와 이야기를 기억해내고 자신만의 이야기를 만들어간다.

요즘 나는 마르셀이 그림 그리는 모습을 지켜보면서 나의 그림들을 다시금 돌아보는 시간을 가진다. 마르셀의 추상화 같은 작품을 보면서 어느새 틀에 박혀 있던 자신의 세계와 마주하고, 마르셀과 함께 그림을 그리면서 나는 난생처음 붓을 잡고 그림을 그리는 사람처럼 새롭게 사물을 보는 법을 배운다. 그리고 그림을 통해 마르셀과 소통하는 법을 배워가고 있다.

노래하고 춤추는 삶

노래하고 춤추는 삶, 이것이 단 하나의 종교적인 삶이다.
―프리드리히 니체의 《짜라투스트라는 이렇게 말했다》에서

내가 마르셀을 키우면서 깨달은 부분을 한마디로 표현한다면, 니체
가 남긴 주옥같은 말로 대신할 수 있겠다. 다름 아닌 '노래하고 춤추
는 삶'이다. 내가 기억하는 어린 시절은 이젠 낡은 필름처럼 빛이 바
랬지만, 분명 나에게도 매일같이 춤추고 노래하던 시절이 있었다. 그
중에서도 언니에게 배운 '아빠와 크레파스'라는 노래가 기억난다. 저
녁상을 물리고 가족들 앞에서 율동을 하며 노래를 부르던 모습, 그 모
습을 특히나 좋아하셨던 아빠의 표정, 아빠의 얼굴 가득 피어났던 웃
음꽃과 웃음소리까지도. 아빠 앞에서 노래하고 춤을 추며 재롱을 피
웠던 나는 어느덧 어른이 되고 한 아이의 엄마가 되어 그때의 아빠와
똑같은 표정으로 마르셀의 재롱을 보고 있다.
　　마르셀은 '오빠는 강남 스타일'을 비롯해 모차르트의 '마술피리'를
들었고, 음악만큼이나 많은 양의 뮤직비디오를 보았다. 평상시 TV를
잘 보지 않는 나와 남편은 아마 요 몇 년 동안 지금까지 살아오면서
봤던 것보다 더 많은 양의 뮤직비디오를 보았을 것이다.

배 속에서부터 자주 음악을 접해서인지, 마르셀은 갓난아기 때부터 음악에 남다른 반응을 보였다. 첫 돌을 지나고는 유튜브에서 원하는 음악을 찾아 틀고 박수를 치며 발장단에 맞춰 춤을 추기 시작했다. 몸의 전체적인 비율에 비해 머리가 커서 작은 동작에도 금방이라도 넘어질 듯 아슬아슬해 보이는 아기가 제대로 걷지도 못하면서 바닥에 붙은 궁둥이를 씰룩씰룩 대고 발을 동동거리며 박자를 맞추는 모습을 보고 있자니, 너무 웃겨 배꼽이 빠질 정도였다. 그렇게 곧잘 음악에 맞춰 춤을 추고 알 수 없는 자기만의 언어로 노래를 따라 불렀던 아이는 어느새 네 살이 되었고, 여전히 언제 어디서든 노래를 부르고 춤을 춘다.

스페인에는 "아이를 낳으면 잃어버렸던 동심을 되찾는다"라는 옛말이 있다. 아이들과 함께 목청껏 노래하고, 손바닥이 얼얼해질 만큼 신나게 박수를 치고, 옷자락을 붙잡고 칙칙폭폭 소리를 내며 기차놀이를 하고, 손을 맞잡고 빙글빙글 돌며 춤을 추다 보면 나도 어느새 아이가 된 것처럼 신이 나 있다. 다른 사람의 시선을 의식하지 않고 그저 즐거움만을 위해 목청껏 노래하고 깡충깡충 뛰었던 적이 언제였던가? 빛 바랜 우리의 어린 시절 필름이 다시 복구라도 되듯, 우리 부부는 요즘 동심을 되찾아가고 있다. 목이 아플 정도로 소리를 빽빽 지르며 노래를 부르고 손바닥이 뜨거울 정도로 신나게 박수를 치고 한바탕 웃고 나면 마음속에 쌓여 있던 케케묵은 상심과 걱정이 깨끗이 씻겨가는 기분마저 든다.

아이들은 어릴 때 부모에게 할 수 있는 효도를 다 한다고들 한다. 아마도 맞는 말이지 싶다. 아이의 재롱이 가져다주는 기쁨처럼 맑고

밝은 에너지보다 더 큰 선물은 세상에 없을 것이다. 그러므로 표현함에 거침없는 아이들을 두 손 활짝 벌려 받아주는 데에 부모는 더 익숙해지고 관대해져야 할지 모른다. 그들의 에너지를 두 손 벌려 안아줄 수 있는 부모야말로 세상에서 가장 행복하고 멋진 부모임이 분명하기 때문이다. 삶의 여러 일로 조금 피곤하고 조금 힘들다 할지라도 나는 오늘도 아이와 함께 노래하고 춤추는 일을 멈추지 않을 계획이다.

우리의 파라다이스

바다를 하늘 보듯 보는 바닷가 마을, 바르셀로나에서 해안도로를 끼고 남쪽으로 90km 떨어진, 변변한 간이역조차 없는 작은 바닷가 마을에서 우리는 살고 있다. 시골이지만 고속도로도 가깝고 차로 십여 분 거리에 카탈루냐에서 세 번째로 큰 도시 타라고나가 있어 불편함은 없다. 나는 이 작은 마을을 '우리의 파라다이스'라고 부른다.

아티스트명 '나는 이상한 노랑'으로 그림을 그리는 '노랑' 엄마, 시와 소설을 쓰고 바르셀로나의 대학에서 법학을 가르치는 '토끼' 아빠, 그리고 사랑스러운 아이 '콩이' 마르셀이 사는 작은 바닷가 마을. 이곳에서 살 수 있다는 것은 참으로 행운이 아닐 수 없다. 더욱이 이곳은 아이를 키우기에 최적의 장소다. 도시 부럽지 않은 학교 시설도 그러하지만 무엇보다 평화롭기 그지없다. 이 마을에는 신호등이 없다. 그만큼 교통량이 많지 않다는 의미이기도 하지만, 한편으로는 대부분의 운전자가 아이들 혹은 사람들의 안전과 편의를 우선하고 있다는 걸 의미하기도 한다.

7월생인 마르셀은 첫돌이 지나고 가을학기부터 유아원에 다니기 시작했다. 두 달 동안의 적응 기간을 끝내고는 아침 9시 반부터 오후 5시까지 유아원에서 보냈다. 그 무렵 나도 다시 일을 시작했다. 처음에는 점심때마다 집으로 데려와 직접 만든 요리를 먹였지만, 청결한 급식 시설과 이 마을에서 최고의 요리사가 직접 유아원 요리를 하는 담당하고 있어 믿고 맡길 수 있겠다 싶어 유아원에서 나오는 점심을 먹였다. 재미있는 것이, 집에서는 투정부리면서 절대 먹지 않는 콩이나 채소가 대변에 섞여 있는 것을 발견하는 일이었다. 마르셀은 식사 습관은 물론 기저귀 떼는 것, 물건을 정리 정돈하는 것도 함께 배워갔다. 유아원 프로그램 중 특히 마음에 드는 것은 화가를 한 명 선정해 일 년 내내 그의 작품을 가지고 노는 것이었다. 아이들은 화가의 그림을 따라 그리고 변형하는 놀이를 했다. 그리고 그 놀이는 하나의 작품이 되어 유아원 전체를 장식했다. 지난해는 '후앙 미로'의 작품이었고 올해는 '살바도로 달리'의 작품이다. 네 살짜리 마르셀이 미로와 달리를 구분한다는 사실이 신기하고 놀라울 따름이었다.

유아원 건물은 아담한 단층 건물이지만, 이 시골 마을에서 가장 멋진 건축물을 자랑한다. 'ㅁ' 자의 건물 한가운데에는 궁정이 있고, 그곳에서는 작은 텃밭과 함께 닭, 오리, 돼지 같은 가축을 기르고 있다. 아이들은 가축에게 먹이를 주고 닭이 낳은 달걀을 만지면서 기뻐한다. 텃밭에서는 커다란 콩이 주렁주렁 열매를 맺고, 푸른 토마토가 무럭무럭 자라 빨갛게 익어가는 모습을 지켜볼 수 있다.

유아원이 끝나면 마르셀은 놀이터에서 놀기도 하고, 한 달에 두 번 정도 열리는 동화구연 프로그램에도 참여한다. 일주일에 두 번 정도는 퍼즐 놀이를 하는데 가끔은 도서관에서 마음에 꼭 드는 그림책과 만화영화를 빌려오기도 한다. 볕이 좋은 날은 소풍 갈 채비를 해서 친구들과 함께 바닷가로 나가 모래사장에서 달리기를 하거나 모래 놀이를 하며 즐거운 한때를 보낸다.

5월 초순의 어느 날, 마르셀은 처음으로 바닷물에 목욕을 했다. 아직 물은 차가웠지만, 햇볕은 따뜻하고 바람 한 점 없는 날이었다. 윗옷을 벗어젖힌 마르셀과 그의 친구는 용감무쌍하게 물속으로 첨벙 뛰어들었다. 그날 저녁 마르셀은 물속에서 놀았던 것이 꽤 즐거웠던지, 잠이 들기 전까지 바다에서 목욕했다는 말을 몇 차례고 반복했다.

우리가 사는 동네에는 특별한 장이 선다. 화요일에는 농장에서 재배한 작물을 가져다 파는 장이 서고, 일요일에는 골동품이나 치즈와 엠부티도 말린 고기, 하몽 돼지다리를 소금에 절였다 말린 음식 또는 견과류와 같은 스페인 전통 먹거리를 파는 장터, 혹은 예술가들의 오픈 마켓이 되기도 한다. 아이들을 위한 물건과 수제 장난감을 파는 날도 있다. 어디 그뿐인가. 세상에서 가장 축제가 많은 나라답게 일 년 내내 동네마다 크고 작은 축제가 열린다. 어떤 주는 인형극 축제, 어떤 주는 중세 시대 축제, 또 어떤 주는 로마 시대 축제가 열린다. 이 축제들을 모두 보러 가기에는 시간과 체력이 부족할 정도다. 집 앞 바닷가에서는 로마 시대 제사장이 나일강 북쪽 지역의 토착신이었던 그리스 여신 이시스를 기리는 제사 행렬을 볼 수 있고, 바닷가 옆 소나무 숲에서는 남자 아이들의 사랑을 받는 검투사들의 격투를 실감 나게 볼 수 있다. 마르셀은 그렇게 놀고 즐기면서 중세의 용감한 기사 조르디가 용과 싸우는 이야기를 듣고 고대 로마시대의 도시 타라코의 이름을 머리에 새긴다.

시골에 살기 때문에 우리 가족이 누릴 수 있는 것들은 어마어마하다. 물론 도시에서 누릴 수 있는 문화적 콘텐츠를 누리는 기회는 도시에 사는 아이들에 비해 적겠지만, 도시와는 다른 의미로 문화적인 풍요로움을 시골에서도 얼마든지 누릴 수 있다고 생각한다. 시골에서 아이들의 노는 모습을 보고 매일 놀기만 해서 언제 공부하느냐고 생각하는 부모도 있겠지만, 4년이라는 시간 동안 아이를 키워본 내가 생각하기에는 학원을 보내지 않아도, 문제지를 풀지 않아도, 낱말을 공부하지 않아도, 아이들은 놀면서 스스로 언어를 배우고, 숫자를 배우고, 지식을 습득할 수 있다. 매일 다른 색으로 피고 지는 하늘과 바다의 빛깔을 누리고, 밤하늘 가득 떠 있는 별빛을 받고, 계절마다 달리 자라는 허브와 나물을 뜯고, 가끔은 엄마와 함께 해 질 녘 낚시를 즐기는 일상. 자연을 누릴 수 있는 이런 일상이야말로 시골이기에 가능한 일이 아닐까. 마르셀이 더 커서 도시로, 혹은 스페인을 떠나는 그날까지 우리는 이곳 작은 시골 마을에 살 것이다. 자연과 더불어 우리의 파라다이스를 한껏 즐기며 하루하루 아낌없이 사랑하며 살 것이다.

콩이 이야기

하늘과 바다를 품은 아이

슈퍼베이비 탄생

다른 아이들보다 배 속에서 일주일을 더 보내서 그런지, 몸무게도,
머리숱도, 손톱도, 피부도 마치 태어난 지 한 달 정도 지난 아기
같다. 탯줄을 목에 감고 태어나 모든 의사와 간호사를 총출동시켰던
슈퍼베이비는 집에 도착하자 언제 울었느냐는 듯 울음을 멈췄다.
아마도 이곳이 자기가 살아갈 집이라고 본능적으로 느꼈나 보다.
먹고 자고 싸고, 며칠 새 아이의 볼이 통통하게 올라왔다.
웃고 울고 딸꾹질도 하는 아이의 모습에 온 세상을 다 가진 듯한
기분마저 든다. 이 아이를 위해서라면 잠을 좀 못 자도,
몸이 좀 피곤해도 얼마든지 견딜 수 있을 것 같다.

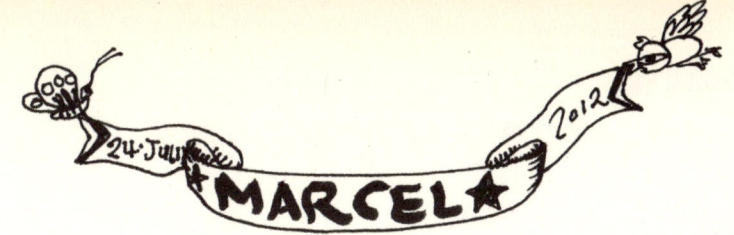

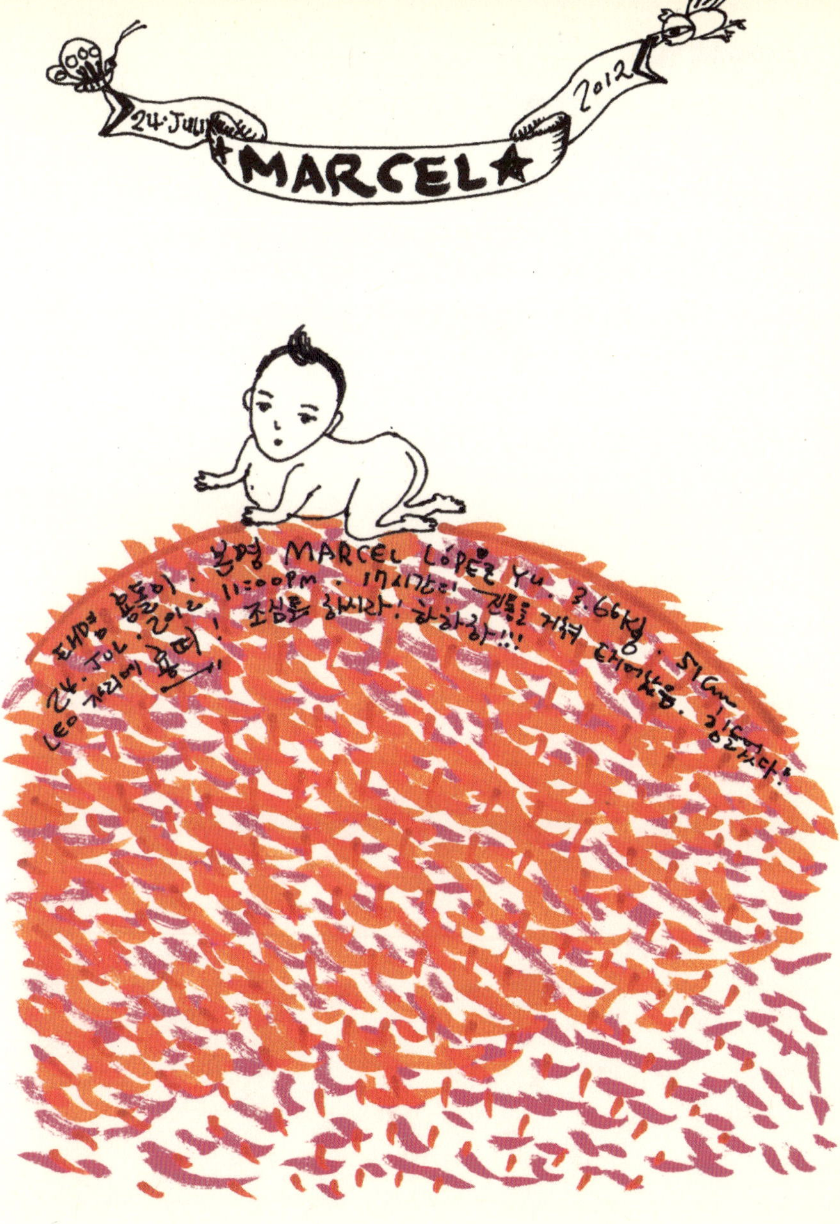
24·JULI
2012
MARCEL
태명 용돌이 . 본명 MARCEL LÓPEZ YU . 3.66kg . 51cm
24 . JUL . 2012 11:00PM . 17시간의 진통을 거쳐 태어났음 . 힘들었다!
LEO 자리에 용띠! 조심들 하시라! 하하하!!!

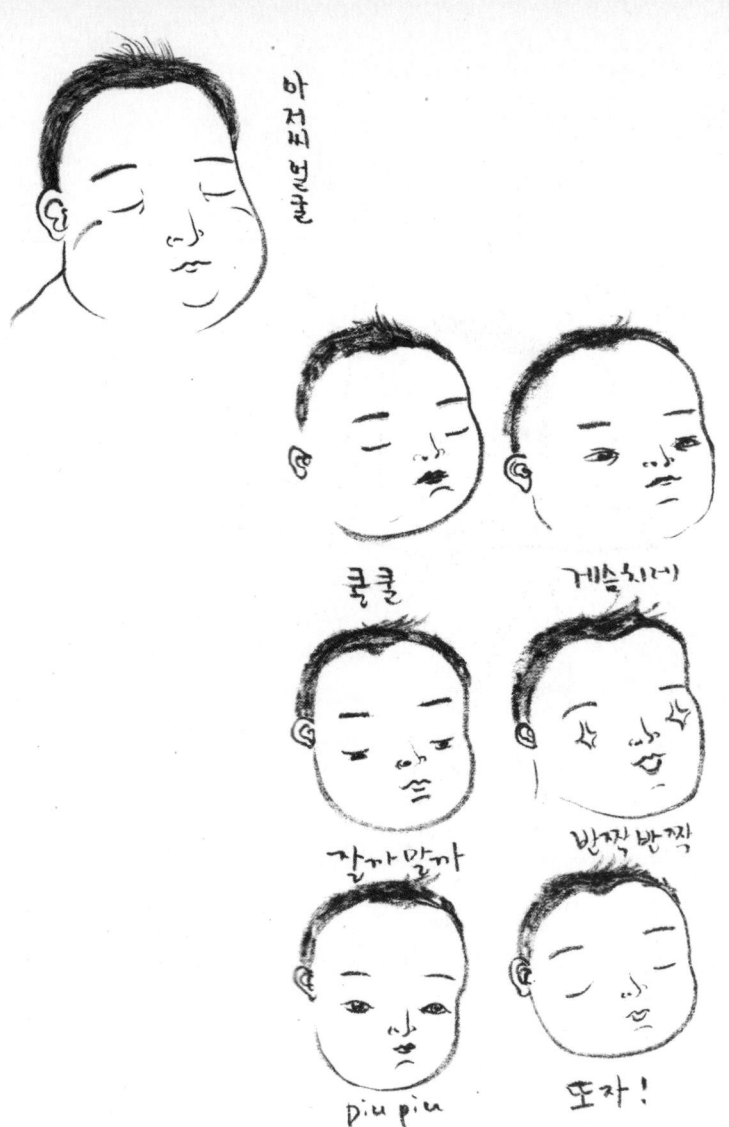

아저씨 얼굴

쿨쿨   계속자네

깔까말까   반짝반짝

piupiu   또자 !

아무리 고개를 돌려 놓아도 자동으로 오른쪽 (내가 본 방향에서) 돌아가며

공갈 젖꼭지와 오빠는 강남 스타일

태어난 지 2주도 되지 않은 마르셀에게 벌써 집착하는 게 생겼다.
태어나 3일째 되는 날, 갑자기 열이 올라 소아응급실에 입원했을
때였다. 울어대는 아기를 달랠 요량으로 간호사가 공갈 젖꼭지를
물렸고, 그 뒤부터 마르셀은 공갈 젖꼭지에 집착했다. 그걸 얼마나
물고 있었는지, 마르셀 입 주변에 동그랗게 빨간 자국이 생겼다.
공갈 젖꼭지를 문 마르셀은 '오빠는 강남 스타일' 뮤직비디오에
푹 빠졌다. 음악이 나오면 아빠는 마르셀 앞에서 말춤을 추고,
마치 아빠와 같이 말춤을 추기라도 하듯 4kg짜리 아기는
누운 채로 온몸을 들썩였다. 정말이지 코미디가 따로 없다.

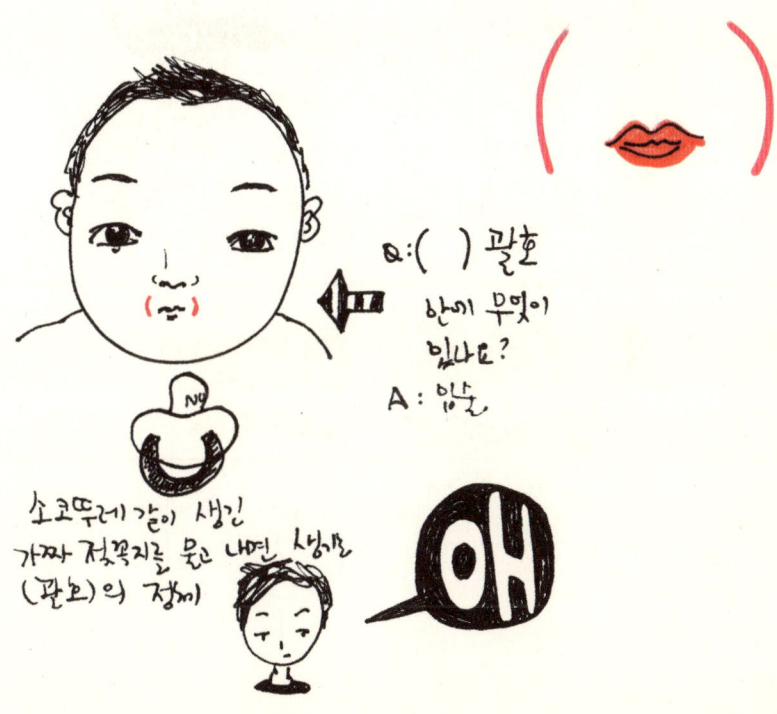

111

자장
자장
자장
자장
자장
자장
자장

자장
자장
우리 아기
잠도 잔다
우리 아기
꼬꼬닭도
울지 말고
멍멍이도
짖지 말고
자장자장
우리 아기

Titu! Cap a Corea

할머니
안녕~

엄마 생활 시작

마흔 넘은 딸을 위해 스페인까지 날아와주신 친정엄마가
한국으로 돌아갔다. 아이를 낳고 보니 '엄마'의 존재가 더 위대해
보인다. 아무 문제없다고 생각했건만, 친정엄마가 떠난 첫날부터
그 빈자리가 크게 느껴졌다. 모든 게 엉망이다. 몸은 천근만근이고
온종일 정신이 없다. 문득 정신을 차려보니 내 꼴은 더 엉망이다.
축 늘어난 셔츠에 고무줄 바지, 헝클어진 머리와 세수도 제대로
못 한 얼굴. 나 잘할 수 있을까?

Little Buda
6주 - 키 7cm
몸무게 6.97Kg (Wow)

"엄마"라고?

"너 갓난아기 맞니?" 다른 애들은 젖 먹고 두 시간은
잔다는데, 마르셀은 고작 30분 자고 일어나 엄마를 찾아
울어댄다. "마아엄, 마아엄." 희한하게도 마르셀의 우는
소리가 꼭 "엄마"라고 부르는 거 같다. 나 아들 바보 맞다.

젖과 아빠

젖양이 부족해 분유를 함께 먹이고 있다. 분유는 아빠 담당이다.
한 달이 조금 지난 마르셀은 평상시엔 아빠에게 무관심하다가도
젖병을 들고 오는 아빠를 향해서만은 열띤 애정을 보인다.
그 모습에 초보 아빠는 한밤중에도 분유를 타겠다고 선언했다.
남편과 함께 잠을 설치는 생활이 나쁘지 않다. 동지 같은
느낌이 든다.

우유닷!
젖 젖 젖

120

첫 주사

마르셀이 첫 예방주사를 맞았다. "꽥"하는 외마디와 눈물
한 방울로 잘 견뎌냈다 했더니 밤이 되자 열이 오르기 시작했다.
38.5도. 행여나 약을 잘못 먹이는 건 아닐까 싶어 인터넷과
책을 뒤져가며 여러 가지 처치법을 시도해보았다. 밤새 열은
오르락내리락, 우리는 결국 응급실을 찾았다. 의사는 "주사를
맞아 열이 오른 것뿐이니 큰 문제는 없다"며 남편과 내가
먹일까 말까 고민했던 해열제를 처방해줬다. 언제쯤이면
베테랑 부모가 될 수 있을까?

첫
주
사

잠깐 화장실 갔다 와도 될까?

처음에는 조금 울더라도 아이를 눕혀놓고 화장실 문을 열고
볼일을 봤다. 하지만 목청껏 울어대는 아기 울음소리에 마음이
불안해서 그런지 시원하게 볼일을 볼 수가 없었다. 결국 아기를
안고 볼일을 봤다. 살다 보니 이런 민망한 일도 있구나 싶다.
그런데 문제는 밖에서도 그런다는 것. 엄마니까 하고 스스로
타협도 해보지만, 가끔은 부끄럽다. 혼자 화장실 가고 싶다.

마르셀과의 첫 나들이

볕도 좋고 바람도 좋은 날이다. 이런 날 집 안에만 박혀 있기는
아깝다. 남편과 나는 마르셀을 아기 포대기에 꽁꽁 싸서
유모차에 태워 산책을 나섰다. 시원하게 부는 바람과 따사로운
햇살에 숨통이 트이는 기분이다. 마르셀도 집 안에 있는 게
갑갑했던지, 아니면 이 세상이 신기했던지, 바다며 하늘이며
사람이며, 무엇 하나 놓치지 않으려는 듯 눈을 크게 뜨고
그 풍경을 바라보며 조금도 칭얼거리지 않고 첫 나들이를
만끽한다. 이렇게 좋아하니, 앞으로는 더 자주 나와야겠다.

첫 유모차 나들이
하늘·바다 보고 방긋

꼬물꼬물 엄마 품

마르셀이 태어난 지 13주가 지났다. 나는 여전히 미숙해서
자다가 몇 번씩 아이가 숨을 쉬고 있는지 확인하고, 잠결에
아기에게 내 팔을 올리거나 아기 얼굴을 이불로 덮으면 어쩌나
노파심이 든다. 그래서 나는 마르셀에게서 팔길이만큼 떨어져서
잠을 잔다. 그런데 마르셀은 자면서도 자석처럼 내 쪽으로
꼬물꼬물 다가온다. 포대기로 돌돌 말아놓아도 어느 틈에
내 겨드랑이 밑까지 와 있다. 젖 냄새 때문이겠지만,
그런 마르셀이 참 사랑스럽다.

좀비처럼 변해가는 아빠

세 살 연하인 남편이 요즘은 연하처럼 보이지 않는다.
잠이 부족해서 그런지 폭삭 늙었다. 남편은 하루 7시간을
자야 하는 사람이다. 그런 사람이 제대로 자지 못하니
늙을 수밖에. 한번은 젖병을 들고 서 있는 남편을 보고
소스라지게 놀란 적이 있다. 정말로 좀비가 서 있는 줄
알아서였다. 눈 밑 다크서클은 턱까지 내려오고 어깨는
아래로 축 늘어져 있는 것이 영락없이 좀비다.

백일이면 곰도 변한다

백일이면 곰도 사람으로 변한다는데 사람 아기는 오죽하겠는가.
친정엄마가 그러셨다. 백일까지만 견디라고. 3개월만 지나면
훨씬 수월해진다고. 진짜다. 목을 가누지 못해 안기도 조심스러웠던
마르셀이 목을 가눌 수 있게 됐고, 내 팔을 꼭 쥘 수도 있게 됐다.
그뿐인가. 엎드려서 머리를 번쩍 들고 우리를 쳐다보며 웃기도 한다.
신통방통하다. 변하는 건 아기뿐만이 아니다. 엄마도 변한다.
울음소리만 들어도 오줌을 싼 건지, 배가 고픈 건지, 어디가 불편한
건지 알 수 있게 됐다. 드디어 엄마 생활에 봄날이 오는 건가?

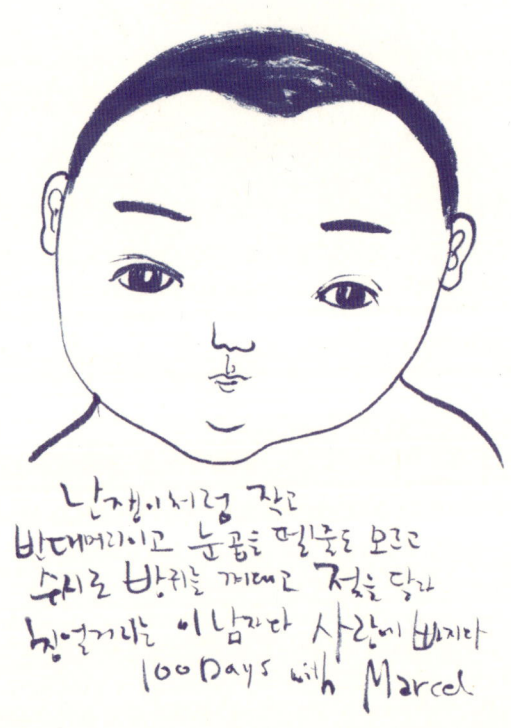

난쟁이처럼 작고
반대머리이고 눈곱을 떨기도 모르고
수시로 방긋는 까매고 젖을 닮고
빙얼거리는 이 남자다 사랑에 빠지다
100 Days with Marcel

도리도니 달랑달강
도리도리 도리도리
고개를 쳐들고 어깨에
구렁이 배벽 우리아가
백일 지난 우리아가

137

목욕이 좋아요

요즘 마르셀은 손가락을 움직이면서 논다. 젖이 먹고 싶을 때면
손을 공손히 모으고 눈을 반짝이며 엄마를 쳐다본다. 많이 컸다.
마르셀이 하루 중 가장 좋아하는 시간은 목욕 시간이다.
손가락 사이로 빠져나가는 물이 신기한지 몇 번이고 물을 쓸고
물속에서 발가락을 쥐락펴락하다가 발가락을 쪽쪽 빨기도 한다.
마르셀의 모든 순간을 그림으로 남겨놓고 싶다. 하지만
하루하루 달라지는 마르셀을 따라가기엔 그림 그릴 시간이
턱없이 부족하다.

아빠가 안아요

마르셀은 4개월이 되자 11kg을 넘어섰다. 안고 있으면 팔다리는
물론 손가락 마디마디가 쑤실 정도로 무겁다. 문제는, 아빠가 안으면
발버둥을 치며 울어댄다는 것. 마르셀을 안고 있는 남편의 모습은
내가 봐도 불안하다. 뚱뚱보를 안고 쩔쩔매는 남편의 가는 몸뚱이가
휘청거린다. 하지만 뭐든 처음이 어려운 법 아닌가? 자꾸 안다 보면
남편도 나아지지 않겠어? 그러고 보니 그제보다 어제가, 어제보다
오늘이 더 자세가 좋아진 거 같다. 마르셀 역시 아빠에게 안기는 게
조금은 익숙해졌는지 아빠 얼굴을 만지며 놀고 있다.

이가 나요

마르셀이 5개월에 접어들자 아랫니 두 개가 올라오는 게 보였다.
애들 이 날 때 정말 많이 아파한다더니 옆에서 보기 안쓰러울
정도다. 마르셀은 아파서 잠도 제대로 못 잔다. 안고 노래를
불러줘도 통증이 가라앉을 때까지 계속 칭얼거린다. 아파하는
마르셀에게 엄마로서 해줄 수 있는 게 없다. 마르셀, 건강한
이가 나오려는 거란다. 조금만 더 힘내렴.

영화 보고 싶다

TV도 보고, 여행도 가고, 그림도 그리면서 느긋하게 내 시간을
보내고 싶다. 그러고 보니 임신해서부터 지금까지 외출한 적이
거의 없었다. 외출이라고 해봤자 고작 유모차 끌고 집 앞이나
병원에 가는 정도였다. 그러고 보니 영화 본 지도 꽤 된 거 같다.
하다못해 TV에서 하는 영화도 제대로 본 적이 없다. 며칠 전부터
남편은 '007 스카이폴'이 보고 싶다고 노래를 부른다. 뜻하면
이루어진다고 했던가? 이웃에 사는 언니 부부가 생일선물이라며
우리에게 세 시간의 자유를 주었다. 우리는 난생처음 영화관에 온
촌닭처럼 두 손을 꼭 쥐고 '007 스카이폴'을 보며 환희했다.
돌아오는 길, 나는 본드걸처럼 신나게 도로를 달렸다.

소파에서 떨어진 마르셀

7개월쯤 되니 마르셀은 엎드려 노는 시간이 많아졌다.
손뼉을 치면 소리가 나는 쪽으로 고개를 돌리고 멀리 있는
장난감을 집으려고 배밀이를 하는 것도 신통하다. 그러나
기쁨도 잠시, 평소처럼 소파에 올려놓고 바닥에 아기 보호용
매트와 쿠션을 깔아두고는 부엌에서 분유를 준비하는데
"픽"하고 수박 깨지는 듯한 소리가 들렸다. 거실로 뛰어가 보니
매트도 쿠션도 없는 바닥 쪽으로 떨어져 있었다. 깜짝 놀라
마르셀을 안아 들자, "으앙"하고 숨통 터지는 듯한 울음을
터트렸다. 다행히 별다른 증상 없이 다음 날도 잘 놀았지만,
내 심장은 쪼그라들어 제 상태로 돌아올 생각을 않는다.

엉금엉금
엉금엉금 엉금엉금
엉금엉금
엉금엉금 엉금엉금 엉금엉금

기적 같은 나날

좀처럼 기지 않았던 마르셀이 8개월에 접어들자 기기 시작했다.
고작 어른 걸음으로 한 발짝 움직인 것인데도 온몸에 소름이 돋고
눈시울이 뜨거워졌다. 생각해보면 내 인생의 기적은 아이를 낳아
키우고 있는 지금이다. 내 젖을 먹으면서 마르셀이 무럭무럭
자라는 것도, 웃고 우는 것도, 하품하고 방귀를 뀌는 것도,
하얀 이가 나는 것도 기적이고, 그것들을 지켜보는 하루하루도
기적이다. 내 엄마도 나를 키우며 이런 기적 같은 순간을
살았겠구나! 나는 기적의 순간 속에서 자란 사람이구나!

아파도 먹는 건 마다않는 아들

마르셀은 지금 태어나 최악의 건강 상태를 맞았다. 젖니 때문에
잠도 제대로 못 자는데 설상가상으로 감기까지 걸렸다. 며칠 전부터
이유식을 시작했던지라 감기가 다 나으면 다시 시작할까 잠시
망설였다. 그런데 괜한 걱정이었나 보다. 콧물 쭉쭉 흐르고 아프다고
칭얼대면서도 마르셀은 이유식을 척척 받아먹는다. 숟가락 뜨는 게
한 박자 늦기라도 하면 빨리 달라고 성화다. 웃기기도 하고
안쓰럽기도 하고.

코딱지가 좋아

마르셀이 코딱지를 먹었다. 그 모습을 보는 순간 한 장면이
그려졌다. 신호를 기다리며 차 안에서 코딱지를 파는 마르셀
아저씨의 모습이. 요즘 마르셀은 손에 닿는 건 뭐든 입으로
가져간다. 심지어 코딱지까지도. 열심히 코를 후빈 뒤
그 건더기를 맛나게 빨아 먹는다. 코를 후빌 때마다 "코딱지
먹지 마!"라고 말해서 어쩌면 엄마, 아빠 다음으로 말하는
단어가 코딱지일지도 모르겠다.

151

"엄마"라고 말하다

내 인생을 통틀어 가장 달콤했던 날은 사랑 고백을 받은 날도,
청혼받은 날도 아니다. 마르셀이 "엄마"라고 말한 5월의 어느
오후다. 테이블에 기대서 놀던 마르셀은 소파에 앉아 있는 나를
똑바로 바라보고 말했다. "엄마!" 세상의 모든 엄마도 이 달콤한
기적을 맛보았겠지? 마르셀이 10개월이 되는 어느 날 오후
그 기적이 내게도 찾아왔다. 온종일 귓전에서 "엄마, 엄마, 엄마"
하고 부르는 마르셀의 목소리가 떠나질 않는다.

어부바 어부바

한국 아기들이 어부바하는 모습을 보고는 마르셀도 해보고 싶은
눈치였다. 그 뒤부터 어부바는 우리 생활에서 만능 약이 되었다.
재울 때도, 징징거릴 때도 "어부바해줄까?" 이 한마디면 만사
해결이다. 어부바의 좋은 점은 더 있다. 전에는 마르셀 옆을
지키고 있어야 했는데, 어부바를 시작한 뒤부터는 집안 어디든
자유자재로 왔다 갔다 할 수 있고 책을 읽을 수 있을 정도로
두 손이 자유로워졌다는 점이다. 지금까지 나는 왜 이 편안한
어부바를 잊고 있었던 것일까?

자장면과 수박이 좋아

한국에서 여름을 보내는 마르셀이 신세계를 만났다. 다름 아닌
자장면과 수박이다. 생각해보니 임신 중에 내가 가장 먹고
싶었던 것이 자장면과 수박이었다. 내게 자장면은 한국에 대한
그리움을 채워주는 소울푸드였고, 수박은 한여름 임산부의
더위를 식혀주는 과일이었다. 이심전심일까? 마르셀이
자장면과 수박을 맛있게 먹는 모습을 보고 있으니,
괜스레 기쁘고 고맙다.

돌잔치 대신 팝업북을

근사한 돌잔치와 돌사진 대신 나는 마르셀의 첫돌을
기념하기 위해 팝업북을 만들었다. 안도라의 작지만
깊은 산 속 마을 생활을 담은 한 쪽짜리 팝업북이었다.
완성도도 낮고 너저분해 보이는 팝업북이지만, 마르셀과
이야기를 나누면서 만들었다는 데 의미가 있었다.
언젠가 꼭 마르셀을 위한 그림책을 만들어야겠다.

슬픈 채소 같은 아이

아들 둘을 키운 친구가 그랬다. 아이가 아프면 '슬픈 채소' 같다고.
지금 마르셀의 모습이 꼭 그렇다. 39도에 육박하는 고열에 시달려
제대로 먹지도 못하고 축 처진 아이의 모습을 보고 있자니 마음이
쓰리다. 마르셀 대신 아플 수 있다면, 마르셀의 아픔을 내 몸으로
옮길 수 있다면 그러고 싶다. 마르셀이 빨리 나아 싱싱한 채소처럼
웃고 뛰어노는 모습을 보고 싶다. 조금 말썽을 피우더라도 얼마든지
용서해줄 수 있는데.

춤추고 노래해요

15개월짜리 마르셀은 요즘 숫자 노래에 푹 빠져 있다.
음정 박자도 하나 없는 노래지만, 엄마 아빠의 엉덩이를
들썩이게 한다. 박수를 치고 함성을 지르면서 엄지를
척 들어주면 마르셀은 더욱 신이 나서 노래한다. 한국어,
카탈란어, 스페인어, 중국어로 숫자 노래를 만들면서 말이다.
깔깔 하하 호호. 불혹이 넘은 내 얼굴에 웃음 주름이 가득
잡혀도 좋다.

아가야, 곧 카니발
이란다. 뭐 입지?

곧 카니발이야

17년을 넘게 스페인에 살면서 나는 한 번도 카니발 복장을
한 적도 그럴 생각을 해본 적도 없다. 마르셀이 태어난 뒤부터
나는 생각해보지도 않았던 일들을 하게 된다. 카니발도 그랬다.
카니발을 일주일 남겨두고 우리는 어떤 복장으로 할까 고민하다
한복으로 결정했다. 한복을 입은 카니발 복장은 스페인에는 절대
없을 테니까. 한복 위에 입을 외투를 어린 왕자의 망토처럼 꾸몄다.
망토가 마음에 들었는지 마르셀은 유아원에 입고 가겠다고 한다.
어쩌지?

마르셀의 첫눈

며칠 전 피레네 산맥에 올랐다. 겨우내 내린 눈이 쌓여 있었다.
18개월이 된 마르셀은 이 날 처음으로 눈을 만졌다. 손끝으로
전해져오는 차가움에 깜짝 놀라는가 싶더니 곧 눈의 감촉을
즐기기 시작했다. 차가워진 손바닥을 볼에 가져다 대기도 하고
손바닥 위에서 녹는 눈을 먹어보고는 물이라며 좋아한다.
마르셀의 즐거워하는 모습 때문일까? 한겨울인데도 봄날처럼
따뜻하다.

어마어마한 혹

오랜만에 마르셀과 대형마트에 왔다. 장을 본 물건들을 트렁크에
실은 뒤, 미처 뒷문 쪽으로 뛰어온 마르셀을 보지 못한 채
문을 열었다. 그 바람에 마르셀은 차 문 모서리에 이마를 세게
부딪쳤다. 빨개진 이마가 금세 새파랗게 변하더니 눈두덩이 위까지
퉁퉁 부어올랐다. 곧장 약국으로 달려가 약을 바르긴 했지만,
내 부주의로 마르셀이 다치고 말았다는 죄책감에 마음이 무겁다.
당분간 차 문을 열 때마다 심장이 오그라질지도 모르겠다.

한국말이 터지다

마르셀이 20개월 되었을 무렵 우리는 석 달 동안 친정 부모님 댁에
둥지를 틀었다. 남편도 나도 한 학기 동안 대학 강의를 하기로
해서였다. 한국에서 지내는 동안 마르셀은 어린이집에 다녔다.
어린이집에 다닌 지 얼마 지났을 무렵 친정엄마가 물었단다.
"마르셀, 오늘 뭐 먹었어?" 그러자 마르셀이 "고구마"라고
대답했단다. 며칠 뒤 내가 물었다. "오늘 점심으로 뭐 먹었어?"
"고구마." 또 고구마라니…. 한국말을 할 수 있게 됐다고 기대했는데
착각이었다. 다음 날 어린이집 선생님에게 어제 점심이 뭐였는지
물었다. 여러 메뉴가 언급되었고 그중에는 고구마도 있었다.
나도 모르게 웃음이 났다. 착각이 아니었다.

"마르셀"이 응가라고?

마르셀이 제 이름 석 자를 처음 말한 것은 19개월 무렵의
어느 날이었다. 갑자기 남편이 호들갑을 떨며 나를 불렀다.
"다시 말해봐. 네 이름이 뭐지?" "마르셀." 마르셀은 보따리를
풀듯이 매일 새로운 단어를 내뱉었다. 두어 달 뒤 어느 날,
베란다에서 놀던 마르셀이 나를 부르더니 "마르셀, 마르셀"이라고
말하며 바닥을 가리켰다. 마르셀이 가리킨 것은 응가였다.
마르셀은 왜 응가를 가리키며 "마르셀"이라 말했을까? 자신의
몸에서 나온 것이니 자신이라고 생각했던 걸까. 아니면 자신의
분신이라 생각했던 걸까?

행복하지만 힘든 아빠

요즘 마르셀은 아빠와 노는 시간이 많아졌다. 함께 공을 차고 함께 스타워즈를 보며 두 남자는 즐거워한다. 평소 쇼핑을 좋아하지 않는 남편은 요즘 시간만 나면 마르셀 손을 잡고 장난감 가게를 기웃거린다. 분명 두 사람의 로망인 스타워즈 우주선 레고 시리즈를 모으기 위해서다. 하지만 초가을의 변덕스러운 날씨만큼 변덕을 부리는 아이와의 시간이 쉽지만은 않은 모양이다. 남편의 흰머리가 부쩍 는 걸 보면 말이다.

전시 볼 줄 아는 아이?

22개월 된 마르셀을 데리고 빌바오에 있는 대학 특강을
하러 가는 남편을 따라나섰다. 남편이 대학에 간 사이 나는
마르셀을 유모차에 태우고 빌바오 현대미술관으로 갔다.
마침 보테로 개인전이 열리고 있었다. "미술관에서 제발
울지 마라, 마르셀." 간절한 바람이 통했던 것인지, 마르셀은
벽에 걸린 보테로 특유의 통통하고 코믹한 그림들을 보고
즐거워했다. 우리 아들 전시 좀 볼 줄 아네?

Botero

Bilba
Bellas
Artes
Botero

AFTER BOTERO

Florencia
Duomo

178

여행의 의미

시간이 날 때마다 우리는 차로 이탈리아와 프랑스를 여행했다.
마르셀은 이동하는 동안 여러 질문을 한다. "여기가 어디야?"
"이건 뭐야?" "저 사람은 누구야?" 여행을 다녀온 뒤면 마르셀은
묻는다. "이탈리아는 어디에 있어?" "프랑스는 어디에 있어?"
마르셀은 프랑스의 아름다운 작은 마을을 기억하고, 루카 성벽에서
셋이서 자전거를 탔던 아침을 기억하고, 토스카나 지방의 멋진
풍경과 작은 도시를 기억하고, 피렌체에서 본 로렌초 기베르티의
'천국의 문'을 기억한다. 이탈리아와 프랑스는 마르셀의 머릿속
지도에 정확히 새겨진 도시들이 되었다. 어린 마르셀은 책이 아니라
그곳을 직접 돌아보며 세상을 알아가고 있다. 언젠가 마르셀이
다시 그곳을 찾았을 때 부모와 함께한 사랑 가득한 도시로
기억하길 바란다.

철새들의 대이동

요맘때 집 앞 절벽에 오르면 철새들이 이동하는 모습을 볼 수 있다.
선선한 바람이 부는 날에는 갈매기 무리가 줄을 지어 날아가는
풍경을 볼 수 있고, 이동하는 제비들이 건물 벽에 잠시 쉬어가는
풍경을 볼 수 있다. 마르셀은 철새들이 어디로 가느냐고 물었다.
모두 따뜻한 남쪽 나라로 갔다가 봄이 되면 다시 돌아온다고
대답해주자, 마르셀은 있는 힘껏 손을 흔든다. "안녕, 또 만나자."
고개가 아플 법도 한데 계속해서 철새들이 날아가는 모습을
지켜본다. 따뜻한 남쪽 나라로 가는 철새들을 응원이라도 하듯이.

두 돌 생일 파티

마르셀의 생일 파티를 준비했다. 처음이니만큼 나는 제대로 된
파티 형식을 갖추고 싶었다. 1층 내 작업실을 파티장으로 꾸몄다.
작업실 문을 열면 바로 공용 수영장이 있어 어른과 아이들이
놀기에도 최적의 장소라 생각했다. 밤이 되자 아이들을 동행한
부모들이 하나둘 모여들기 시작했고, 파티장은 금세 어른들과
아이들의 웃고 떠드는 소리로 시끌벅적해졌다. 모두 돌아간 뒤,
우리 세 식구는 깜깜한 하늘 아래 푸른빛을 발하는 수영장에
몸을 던졌다. 그렇게 우리끼리 파티의 피날레를 장식했다.

2 years
2 anys
2 años
두돌
둥실

기저귀를 던져버리다

26개월 무렵의 어느 날 유아원에서 돌아온 마르셀이 변기에서
볼일을 보겠다고 고집을 부렸다. 유아원에서 친구들이 변기를
사용하는 것을 본 모양이었다. 그로부터 얼마 뒤 마르셀이 물었다.
"엄마, 육은 기저귀 차?" "아니." "안젤은 기저귀 차?" "아니!
마르셀도 기저귀 빼버릴까?" 나는 기저귀를 돌돌 말아 마르셀에게
건넸다. 마르셀은 기저귀를 있는 힘껏 쓰레기통에 버리며 말했다.
"기저귀, 안녕!" 그렇게 마르셀의 기저귀 떼기가 성공했다. 아이들끼리
배우는 것이 부모의 백마디 잔소리보다 효과적일 때가 있다.

엄마, 엉엉 울다

아침부터 마르셸과의 신경전이 벌어졌다. 엄마 싫다며 옆에
오지도 못하게 했던 아이는 퇴근해서 온 아빠를 향해 팔을 벌리고
함박웃음을 지어 보였다. 그리고는 아빠와 시시덕거리며 즐거워한다.
갑자기 서럽다는 마음이 들더니, 곧 뜨거운 눈물이 볼을 타고
흘러내렸다. 잠시 뒤 마르셸이 우는 내게로 다가와 얼굴을 묻고
조그마한 두 팔로 나를 감싸 안으며 말했다. "엄마, 마르셸이 미안해.
울지마." 마르셸의 한마디 때문이었을까. 아이의 따뜻한 체온이
전해져오면서 마음속 응어리가 스르르 녹는 게 느껴졌다.

이발했어요

마르셀의 머리카락이 삼손처럼 자랐다. 곱슬 거리는 머리카락이
예뻐 돌 무렵에 다듬어준 이후로 자르지 않아서 어느새 머리를
묶어야 할 정도로 자라 있었다. 긴 머리카락 때문인지 여자아이로
착각하는 사람도 많았다. 어느 날 마르셀이 말했다. "엄마, 나는
남자야! 머리 묶는 건 여자만 하는 거야." 마르셀의 한마디에
우리는 다음 날 미용실로 직행했다. 남자다워지고 싶다는 바람
때문이었는지, 28개월짜리 아이는 점잖게 앉아 이발을 마쳤다.
삼손처럼, 머리카락을 자르고 악동 기운을 잃어버린 것일까?
그러고 보니 왠지 요즘 착해진 것 같다.

나 한국 사람이에요

여느 때처럼 유아원 끝나는 시간에 맞춰 마르셀을 데리러 갔다.
선생님이 잠깐 와보라고 손짓했다. 선생님이 마르셀에게 물었다.
"마르셀은 중국 사람이니?" 그러자 마르셀이 얼굴을 붉히며
대답했다. "아니요. 나 한국 사람이에요." 친구 하나가 마르셀에게
중국 사람이라고 했던 모양이다. 30개월밖에 안 된 아이가 벌써
자신의 정체성에 대해 말할 수 있다는 것이 기특했다. 이제 때가
온 거 같다. 스페인 사람들 속에서 살아가는 한국 사람인 엄마에
대해서, 국적이 무엇인지 인종이 무엇인지에 대해서 설명해줘야
할 때가.

마흔다섯 번째 생일

내 나이 어느덧 마흔다섯. 일 때문에 마드리드 출장을 온 나는
마흔다섯 번째 생일은 혼자서 보내고 있다. 아침 일찍, 남편과
아들에게서 영상통화가 걸려왔다. 마르셀의 달처럼 둥근 얼굴이
화면을 가득 채웠다. 마르셀은 조그만 핸드폰 화면 앞에 서서
엄마를 위한 생일 축하 노래를 불렀다. 마르셀의 환한 얼굴을
보고 있으니, 함께가 아니라는 마음에 잠시 뭉클해진다.
조금만 참자. 내일이면 마르셀에게로 돌아가니까.

나는 다스베이더

아빠와 함께 놀기 시작하면서 마르셀이 푹 빠진 것 중 하나가
스타워즈다. 아빠의 스타워즈 미니어처는 물론 새로 산 스타워즈
장난감이 집안 곳곳을 점령해 있다. 특히 마르셀은 다스베이더
캐릭터에 푹 빠져 아침에 눈을 떠서 잠에 잠들기 직전까지
다스베이더 복장을 하고 온 집안을 뛰어다닌다. 레이저 건을
휘두르고 우리의 팔뚝을 후려갈기며 "나는 다스베이더"를 외친다.
32개월짜리 아이에게 스타워즈는 다소 폭력적이지 않을까 고민도
해보지만 스타워즈 등장인물과 우주선의 이름을 줄줄 외는
마르셀을 보고 있으면 절로 웃음이 난다.

5월은
푸르구나

네 살 아이도 월요병이 있다?

믿기 힘들지만, 네 살 아이에게도 월요병이 있다. 월요일 아침이면 마르셀은 일어나는 것부터 시작해 유아원 가는 걸 힘들어한다. 33개월이 넘으니 꾀까지 생겨 배가 아프다거나 학교가 문을 닫았다며 발칙한 거짓말을 한다. 학교 앞까지 가서도 다른 아이들이 등교할 때까지 기다렸다가 들어가거나, 입을 쭉 내밀고 한참을 엄마 쪽을 바라보다 체념하듯이 들어가기도 한다. 유아원이라는 작은 울타리 안에서도 분명 하나의 사회가 존재한다. 천진난만한 아이일지라도 때론 어른들처럼 쉬고 싶고 벗어나고 싶을 때가 있을 것이다. 힘내라 아가!

"NO, NO, NO"

마르셀의 인생에서 세상의 모든 아름답고 재미있는 단어가
사라지고 한 단어만이 남았다. "NO, NO, NO." 심지어
쉽게 뗐다고 생각했던 대소변도 처음으로 되돌아가고 말았다.
마르셀은 하루에도 몇 번이고 쉽게 짜증을 내고 소리를 지르고
발길질을 하며 "NO, NO, NO"만 외쳐댄다. 전쟁 같은
하루하루에 점점 기운이 달린다. 두 달 동안 나는 실감했다.
말로만 듣던 미운 네 살의 정점이 왔구나 하고.
과연 우리에게 다시 평화가 찾아올까?

엄마의 휴가

나는 여행을 좋아한다. 그런데 아기를 낳고부터는 혼자 여행을
떠난다는 건 상상도 못 할 일이 되고 말았다. 여행을 떠나자는
친구의 제안에 망설이는데 남편이 선뜻 다녀오라고 한다.
마르셀도 이제 35개월이나 됐으니 괜찮다며. 비행기에 올라타기
전까지만 해도 무거웠던 마음이 비행기가 뜨는 순간 깡그리
사라졌다. 20대로 돌아간 듯한 기분마저 들었다. 리스본의
좁고 가파른 골목길을 오가며 나는 내게 주어진 이 자유를
충분히 만끽했다. 나에게 휴가를 줘서 고마워, 여보.

자연과 더불어 사는 시간

요즘 들어 우리 가족이 시골에 살고 있다는 게 참 행운이라는 생각이 든다. 도시 사람들은 상상조차 못 할 순박한 일상을 살고 있지만, 매일 아침 새소리를 들으며 하루를 시작한다는 게 행복하다. 날씨가 좋은 날에는 들로 나가 복분자와 산딸기, 야생 아스파라거스를 따고, 계절에 따라 산에서 버섯을 따고, 바닷물이 잔잔한 오후에는 집 앞 언덕에 올라 낚싯대를 드리워 갑오징어를 잡는 게 즐겁다. 무엇보다 마르셀이 자연과 더불어 사계절을 맞는 것이 즐겁다.

그림 그리는 시간

우리 집 여기저기엔 작은 스케치북과 붓, 물감들이 널려 있다.
마르셀이 유아용 보조의자에 앉기 시작했을 7개월 무렵부터
우리는 함께 그림을 그렸다. 마르셀은 내가 그린 그림 위에
작은 손으로 색연필을 꼭 움켜쥐고 선을 그리고 색을 칠했다.
어느덧 38개월이 된 마셀과 나는 오늘도 그림을 그린다.
이 시간이 참 행복하다.

마르셀의 그림

마르셀은 붓에 물감이나 먹을 듬뿍 적서 붓질하는 것을
좋아한다. 마르셀의 그림은 아직 삐뚤삐뚤한 선과 점뿐인
그림이지만, 마르셀이 휘갈긴 선이나 색 속에는 마르셀만의
세계가 담긴 듯 보인다.

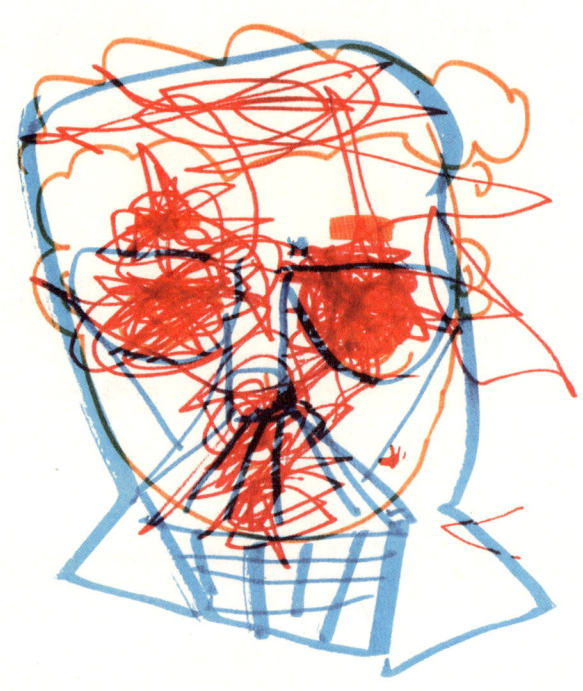

많이 많이 닮았네

나는 마르셀과 셀카 찍기를 좋아한다. 남편이 마르셀과 내가
자는 모습이 닮았다는 남편의 말을 들은 뒤부터는 자는 마르셀
옆에 누워 셀카를 찍기도 했다. 더 아기였을 때는 눈이 커서
아빠를 많이 닮았다고 생각했는데, 사진 찍을 때 엄마 표정을
따라 하기 때문인지 요즘엔 나를 많이 닮았다는 생각이 든다.
심지어 보고 배운다고, 성격이나 취향까지도 닮아가는 거 같다.
우리는 참 많이 닮았다.

208

아빠, 사랑해

마르셀이 태어난 지 어느새 40개월이 되었다. 남편이 마르셀을
목욕시키는 동안 나는 저녁 식사를 준비했다. 욕실 쪽에서 아빠와
아들이 흥얼거리는 노랫소리와 물소리가 들려왔다. 물소리가 멎고
잠시 뒤 마르셀이 부엌으로 뛰어왔다. 그 뒤를 눈시울과 콧방울이
빨개진 남편이 따랐다. "마르셀이 내게 사랑한다고 말했어. 나를
꼭 안으면서 말이야." 아들을 목욕시키는 아빠는 언제나 물벼락을
맞아 흠뻑 젖은 채로 욕실 문턱을 넘는다. 하지만 이제부터
욕실 문턱을 넘을 때마다 "아빠 사랑해"라는 달콤한 한마디가
그의 귓전에 맴돌지 않을까. 남편의 '아들 바보' 증상도 더욱
심각해질 것이 분명하다.

훌쩍 자란 아들

마르셀이 수두에 걸렸다. 일 때문에 집을 비운 아내 없이 혼자서
아픈 아들을 간호한 남편의 얼굴도 아픈 아이 못지않게 수척해져
있었다. 비록 두 남자 모두 꼴은 엉망이었지만, 참 사랑스럽게 보였다.
밤새 몸을 긁느라 밤잠을 설치고도 아침이면 안방 침대로 폴짝
뛰어올라 엄마 아빠 얼굴에 뽀뽀했다. 얼마 전까지 내 배 위에 폭
안길 정도로 작은 아기였는데, 어느새 마르셀의 발이 내 정강이까지
올 정도로 자라 있었다. 내 키의 반을 훌쩍 뛰어넘은 마르셀.
언젠가 엄마 키를 훌쩍 넘고 아빠 키를 훌쩍 넘겠지? 건강하게
무럭무럭 자라렴, 나의 아가야.

글 쓰는 아빠

토끼 이야기

아내의 몸속에 두 개의 심장이 뛰고 있다는
사실을 알았을 때 나는 이 세상을 다 가진 듯했다.
이 아이가 무사히 우리에게 오기를 간절히
소망하며 나는 10개월의 시간 동안 마음으로
마르셀을 품었다. 입덧을 하고, 태교를 하고,
요가를 하고, 라마즈 호흡을 하고, 아내가
분만실에 누워 있는 17시간 동안 아내와 함께
산고를 경험했다. 그 순간들을 보내고
드디어 마르셀이 아내의 품에 안겼을 때,
비로소 나는 이 세상을 다 가졌다.

언어

마르셀 주변에는 여러 개의 언어가 있다. 일상 속에서
가장 많이 쓰는 아빠의 언어 카탈란어, 유아원, 엄마와
아빠가 스페인의 다른 지방 사람들과 대화할 때 쓰는
스페인어, 마르셀이 좋아하는 어린이 프로그램 세서미
스트리트Sesame Street에서 매일 듣고 따라 하고 엄마와
아빠가 다른 나라 사람들과 대화할 때 쓰는 영어, 그리고
엄마의 언어이자 마르셀이 아기 때 처음으로 옹얼거렸던
한국어가 있다. 그 외에도 마르셀의 이모부와 이모가
소통하는(이웃에 살고 있어 일주일에 두세 번은 만난다)
프랑스어, 아빠의 친한 친구이자 한동네에 사는 한국인
노부부를 만날 때 쓰는 독일어, 마르셀이 아기 적에 아빠가
자장가 대신 읊조린 시와 할아버지의 젊은 시절 향수가
담긴 옛노래로 접하는 이탈리아어다.

　　배 속에서부터 마르셀은 수많은 언어를 접하고
있다. 두 개 이상의 언어를 말할 수 있도록 학비가 비싼
국제학교나 돈을 들여 해외 유학을 가는 아이들에 비하면
마르셀은 숨 쉬듯 자연스럽게 다양한 언어를 배우고
있다. 언어를 배우기 위한 첫 번째 조건은 즐길 수 있는
환경이라고 생각한다. 마르셀이 가장 좋아하는 언어는
(일상에서 사용하고 있는 한국어와 카탈란어, 스페인어를

제외한) 영어다. "Do you like it?", "Yes!" 이것이 마르셀이 처음으로 자신 있게 질문하고 대답한 말이었다. 마르셀이 영어를 가장 좋아하는 이유는 아마도 유튜브에서 보고 들은 노래와 어린이 애니메이션 때문일 것이다. 즉 영어는 마르셀에게 놀이로서 즐거움을 주는 언어로 인지된 것이다. 마르셀에게 새로운 언어를 가르치려고 애쓰기보다는 언어를 통해 마르셀이 더 기쁜 삶을 사는 법을 배우고 알아갈 수 있게끔 돕고 싶다. 사람에게는 행복해지는 수많은 길이 있다. 언어 또한 행복해지는 하나의 길일 것이다.

문화

헤겔은 "교육은 인간의 제2의 탄생"이라고 했다. 마르셀은
태어나면서부터 음악과 시가 자연스럽게 세포에 저장되고,
본능적으로 젖을 찾는 것처럼 다양한 문화에 둘러싸여
있다. 마르셀의 아침을 빛나게 만들었던 모차르트의
소나타도, 잠들기 전 아빠가 읊조리던 호라티우스의 라틴어
시 몇 구절도, 마르셀의 영혼이 분명 그것을 기억해 언젠가
마르셀의 삶에 투영될 것이다. 마르셀에게 예술은 주입되는
문화적 도구가 아니라 하나의 놀이로써 일상에 공존하고
있다. 마치 지중해의 올리브 나무처럼, 혹은 알타푸야의
파도가 부드럽게 빗질해놓은 해변의 모래처럼 항시 그곳에
있을 것이다.

우리 가족은 1,800년 전 히스파니아 북쪽 지방의
황제가 살았던 옛 로마 유적지에서 100m 떨어진 곳에서
살고 있다. 어떤 역사학자는 이곳을 황제가 머물렀던
곳이라고 기록하고 있다. 아들에게 로마의 기원을 알려주기
위해 나는 '마르셀'이라는 이름의 주인공이 나오는 역사
이야기를 만들었다. 이야기는 이렇게 시작한다. "아주 먼
옛날 지중해의 어느 작은 마을에서 작은 용이라 불리는
마르셀이 있었어요. 화성의 아들인 마르셀은 로마인 황제가
되어 정의와 고통으로부터 세상을 구하기 위해 이 세상에

태어났어요."

생각해보면 역사의 흔적 가까이에 사는 마르셀이
호라티우스의 유명한 시 한 구절 '카르페 디엠순간을 즐겨라'을
듣는다는 게 이상할 것도 없다. 마르셀과 공유하는 이
일상은 마르셀에게 포에니 제2차 대전을 내막을 알려주기
위함도 아니고 엄마의 예술적 재능을 물려받아 멋진 그림을
그리게 하기 위함도 아니다. 다만 책과 그림, 음악, 일상을
통해 마르셀이 행복이란 메시지를 이해했으면 하는
바람이다.

신들이 그대, 혹은 나에게 무슨 운명을 줄 것인지
알려고 하지 말게나

레우코노에여, 혹은 바빌로나아 숫자놀음도 하지 말게나

미래가 무엇이든 간에 우리에게 주어진 운명을
견디는 것이 훨씬 훌륭한 것이라네

유피테르 신께서 너에게 더 많은 겨울을 나게 해주시거나,
혹은 이것이 일생의 마지막 겨울이거나 지금 이순간에도
티레니아 바다의 파도는 맞은편의 바위를 점점
닳아 없애고 있다네

(친구여,) 현명하게 살게나, 포도주를 줄이고
먼 미래의 욕심을 가까운 내일의 희망으로 바꾸게나

지금 우리가 말하는 동안에도, 질투하는 시간은
이미 흘러갔을 것이라네

오늘을 붙잡게, 미래에 최소한의 기대를 걸면서

위험 앞에 홀로 남아

혜영이가 일 때문에 집을 비운다는 얘기를 했을 때 나는
거의 패닉 상태였다. 게리 쿠퍼의 서부영화 중 '하이 눈High
Noon, 1952'이 번개처럼 뇌리를 스쳤다. 이 영화의 스페인
원제는 '위험 앞에 홀로 남아sólo ante el peligro'였다. 그야말로
나의 심정을 대변하는 말이 아닐 수 없었다. 현기증이 일듯
깎아지른 절벽 위에 서 있는 내 등을 누군가가 미는 것만
같았다. 어떻게 해야 하지? 항상 혜영의 존재하에 기저귀를
갈고 마르셀을 돌보아왔기에 혼자서 아이를 돌본다는 것은
엄청난 모험이었다. 마르셀이 과연 살아남을 수 있을까?
나는 살아남을 수 있을까? 내가 안을 때마다 나를 밀어내며
엄마를 찾지 않았던가! 혹시 혜영이가 80km나 떨어진
곳에서 일을 하다 저녁에 집으로 오지 못하는 상황이
생기면 어떻게 하지?

　혜영은 근심 가득한 내 품에 우는 마르셀을 안겨주고
집을 나섰다. 마르셀과 단둘이 집에 남겨진 나는 식은땀이
났다. 다행히 마르셀은 아빠와의 시간을 잘 버텨주었다.
나는 벽에 그려진 혜영의 그림들을 마르셀에게 보여주며
그림 속 이야기를 들려주었다. "여기 고양이 한 마리가
있네. 여기는 알타푸야 성이야. 성 위로 반짝이는 빛이
마을 전체를 둘러싸고 있단다."

이것이 길이길이 기억할 아빠와 아들의 첫 소통이었다.
나는 마르셀을 유모차에 태우고 산책을 나섰다. 워낙
느려터진 성격인 만큼 나의 산책 준비는 슬로모션처럼
느리게 진행되었다. 아이 옷을 입히는 것도 엄마보다
세 배는 더 느렸고, 기저귀를 가는 것도 복잡한 수학 공식이
필요한 것처럼 오래 걸렸다. 내가 긴장하면 마르셀도 같이
긴장하는 게 느껴졌다. 나는 철학자라도 된 것마냥,
우리에겐 무한한 시간이 있으니 아무 문제없을 거라고
반복해서 말했다. 날씨는 화창했다. 우리는 가을 햇살을
즐기며 짙푸른 파도가 넘실거리는 바닷가를 산책했다.
이리저리 뛰어다니는 강아지를 보고 마르셀은 "멍! 멍!"이라
옹알거렸다. 산책길에 노곤해진 마르셀이 곤히 낮잠에
빠졌을 때는 커피 한 잔을 마실 여유마저 생겼다.
아기들은 잠이 들면 그 얼굴이 마치 천사와도 같아 더욱
예뻐 보이는데, 특히 마르셀은 잠든 얼굴에서 동양적인
선이 엿보인다. 작은 부처의 얼굴 안에 평화의 빛이
가득해 보였다.

　　해가 기울고 집으로 돌아온 뒤, 나는 마르셀에게
또다시 이야기를 들려주었다. 마르셀은 내가 들려주는
이야기에 푹 빠진 것처럼 보였다. 저녁을 먹은 우리는
1970년대 후반의 디스코 음악을 만끽했다. 아빠는 아들
앞에서 디스코를 추고 아들은 아빠의 모습을 보고 웃고,

우리는 그렇게 함께 웃으며 저녁 시간을 보냈다. 다소 시간도 들고 힘도 들었지만, 별다른 탈 없이 하루가 끝나가고 있었다.

내 생각이지만, 이렇게 둘이서 하루를 보내고 나니 더욱 돈독해지는 것이 느껴졌다. 마르셀은 작은 손으로 내 얼굴을 더듬거렸다. 내 입속에 손가락을 집어넣는 모습은 마치 아빠의 영혼이라도 만져보려는 것 같았고, 마르셀이 기분이 좋을 때면 하는 "에브에브 et vous et vous, 당신 당신"라는 불어처럼 들리는 옹알이는 마치 아빠를 부르려는 것 같았다.

내 품에 안겨 비지스의 '인사이드 앤드 아웃 Inside and out'에 맞춰 춤을 추고 웃는 사이, 어느새 마르셀의 머리가 기울어지며 무게감이 달라졌다. 깊은 잠 속으로 빠진 아기를 침대에 누였다. 잠시 뒤 혜영이가 돌아왔다. 혜영은 아기를 낳고 처음 나가 한 일에 대한 만족감과 달콤하게 잠든 마르셀의 모습, 그리고 첫 육아 도전을 멋지게 치른 나를 보며 흐뭇한 미소를 지었다.

아빠 사랑해

아빠로 살면서 아들과 가장 행복한 시간을 보낼 수 있는
것은 지금 이 순간이 아닐까 싶다. 물론 아기를 돌보는 일은
엄청난 일이다. 기저귀를 갈고, 옷을 입히고, 이유식을
먹이고, 목욕시키고, 아이 뒤를 쫓아다녀야 하지만, 아들과
함께하는 이 시간이 행복의 우선순위임에는 분명하다.

나는 지금껏 몇 번인가 빛의 후광과도 같은 만족감을
경험했다. 어느 날, 잠시도 가만히 있지 못하는 마르셀을
목욕시키고 머리를 말려주고 있었다. 몸에 로션을 발라주려는데
이리 움직이고 저리 움직이는 덕분에 나는 땀으로 목욕하고
있었다. 그때였다. 마르셀이 나를 끌어안더니 "아빠 사랑해
papa te quiero"라고 말하며 볼에 뽀뽀를 해주는 것이 아닌가.
그뿐만이 아니었다. 혜영이가 일로 일주일간 출장을 갔던
때였다. 악몽 같은 하루가 겨우 끝나갈 무렵, 잠자리에 든
마르셀은 수고한 아빠에게 보상이라도 해주려는 듯
튤립 같은 작은 손으로 내 손을 잡고는 부드러운 목소리로
"아빠 사랑해"라고 속삭여주었다. 그 순간 모든 피곤함이
싹 가셨다. 아마도 이 시간이 내 인생을 통틀어 가장
멋진 순간이었음이 분명하다. 세상의 모든 아빠가
맛볼 수 있는 가장 달콤하고 경이로운 순간임이
분명하다.

오이디푸스 콤플렉스

"아빠 누울 자리는 없어." 아내가 마르셀 옆에 누워 그림책을
읽어주고 있을 때 내가 뒤늦게 침대로 들어서려 하면
마르셀이 하는 말이다. 이제 네 살밖에 안 된 녀석은 엄마를
원하고 아빠를 거부하는, 다섯 살 정도나 되어야 보이는
프로이트가 말한 오이디푸스 콤플렉스를 보인다. 요즘
마르셀에게는 오직 엄마만이 존재한다. 아빠는 그저 엄마의
애정을 쟁취하려고 하는 도전자에 지나지 않는다. 어느 날
마르셀이 내 면전에 대고 "엄마는 나와 사랑에 빠졌어"라고
말했다. 출근할 때 평소처럼 엄마와 뽀뽀라도 할라치면
"안 돼, 안 돼"를 외치며 엄마와 아빠 사이를 갈라놓았다.
심지어 엄마 치마폭에 몸을 숨기며 엄마 배 속으로 다시
들어가는 시늉을 하고, 마르셀 삶의 첫 영양분이었던
젖을 물기를 원하기도 한다. 그러다가도 엄마가 일 때문에
며칠 출장을 가므로 아빠와 둘이서 집에서 지내야 한다고
말하면, 마르셀은 금세 "우리 셋이 같이 가요, 우리 셋이
같이"라고 외쳐댄다. 이런 마르셀의 행동을 보고 생각했다.
마르셀에게 행복은 엄마를 자신의 것으로 만들려는
욕망보다 셋이서 함께하는 것이 더 크다는 것을.
　　마르셀이 보이는 오이디푸스 콤플렉스는 곧 사라질
것이다. 그리고 어느 순간 마르셀과 나는 엄마를 공유할

것이다. 시간이 흘러 엄마를 향한 사랑이 이성에게
향할 것이고, 그 마음은 사춘기의 봄으로 피어날 것이다.

여자 친구들

아직 아기로밖에 여겨지지 않는 마르셀에게 여자 친구가
있다. 그것도 여러 명이나 있다. 그중 금발 머리의 클로에는
바다 빛을 띤 커다란 푸른 눈을 가진 명랑하고 활달한
아이로, 요즘 마르셀이 가장 좋아하는 친구다. 마르셀은
클로에를 소개할 때 조금의 주저도 없이 "클로에는 내
여자 친구야"라고 말한다. 클로에와 마르셀은 만날 때마다
뽀뽀하고 다정하게 껴안는다. 물론 어린아이들의 순수한
표현이라는 건 알고 있지만, 어느 한 구석에는 인간의
본능적인 사랑과 욕망이 숨어 있는 것처럼 보이기도 한다.
불과 몇 달 전만 해도 마르셀의 마음은 온통 유아원
선생님 잼마에게 가 있었다. 하지만 "하루라도 춤을 추고
살지 않으면 안 된다"는 한 철학자의 말처럼, 마르셀은
또래의 아름다운 클로에에게 빠졌고, 마르셀에게 잼마는
'옛 여친'이 되었다.

마르셀 주변에는 언제나 여러 여자 친구가 있다.

루아나, 아이타나, 나이아, 돌마, 오나, 파우, 그리고
두 명의 줄리아. 그들은 모두 함께 어울리는 친구들이지만,
그중에서도 가장 먼저 찾고 챙겨주는 걸 보면 아직까지
클로에는 마르셀 관심 안에서 일 순위로 존재하는 게
분명하다. 재미있는 것은 네 살밖에 안 된 클로에는 마치
자신만의 왕자에게 속삭이는 듯이 마르셀에게 이렇게
말한다. "마르셀! 여자 친구는 단 한 명만 사귈 수 있어."

문명제국 놀이

가끔 나는 마르셀에게 동화를 들려주는 대신 문명의
역사 이야기를 들려주곤 한다. 최초로 바퀴와 문자를 만든
수메르 이야기부터 약 4,400년 전 인류 최초의 제국을 만든
아카디안들의 이야기다. 아직은 그저 동화 같은 이야기에
지나지 않겠지만, 언젠가 마르셀은 자신이 태어나기 전에
이미 세상엔 수많은 일이 일어났고 사람들이 지금과는
다른 삶들을 살아갔다는 사실을 이해할 것이다.

요즘 마르셀은 내가 종종 하는 컴퓨터 게임 '문명 제국'을
통해 알게 된 BC 15세기 이집트 여왕 하트셰프수트에
관심을 가진다. 하트셰프수트 여왕의 멋진 의상에 감탄하고
눈가를 검게 칠한 '스모키' 화장과 왕국을 보며 눈을
반짝인다. 게임 속 이집트인들은 성전과 피라미드를 짓는다.
몇 천 년 전 잃어버린 문명을 새로이 건설하는 것이다.
마르셀도 한몫 거들어 '세라피라 마르셀'이라는 이름으로
궁수를 가득 태운 마차를 이끄는 신의 역할을 맡는다.

잠들기 전 아빠가 들려주는 문명 이야기는 마르셀
안에서 게임 속 이미지들과 조화를 이루어 또 하나의 멋진
이미지로 되살아날 것이라고 생각한다. 그리고 그것들은
마르셀에게 지난 역사의 지식이 되고 문화의 받침목이
되어줄 것이다.

역사와 관련된 마르셸의 재미난 에피소드가 있다. 두 돌이 막 지났을 무렵이었던 것으로 기억한다. 한번은 BC 1500년경 아나톨리아 반도와 메소포타미아 북쪽에 정착한 히타이트 (카탈란어로는 히티타hitita라고 한다) 민족 이야기들 들려준 적이 있다. 마르셸은 잠깐 생각에 잠기는 듯하더니 이해했다는 표정으로, 자신의 아랫도리를 가리키며 "히티타, 히티타"라고 말했다. '티타tita'는 카탈란어로 아이들의 성기를 가리키는 말이다. 그렇다. 마르셸은 히티타를 티타로 이해했던 것이다. 그러고 보면 마르셸의 이해가 옳기도 하다. '히티타'는 '티타'를 포함하고 있으니, 지금 우리가 존재하는 데 큰 역할을 한 중요한 민족이 아니겠는가.

창의적인 아이

마르셸은 물감에 붓을 적셔 종이, 냅킨, 벽은 물론 어느 곳에든 그림을 그린다. 천재성은 오직 자유로운 순간에 나타난다.

아빠가 가지고 놀던 스타워즈 피겨와 우주선을 받고 기뻐하며 놀던 마르셸은 어느 날 갑자기 크레용을 꺼내 들고 스케치북에 스타워즈 그림을 그리기 시작했다. 커다란 갈색

선을 그리고는 '치와카 더 우키Chewaka the Wookie'라고 외치고,
그 옆에 파란 선을 그리고 '한 솔로Han Solo'라고 외쳤다.
그다음엔 금색 크레용을 들더니 기다란 선을 그리고
초록색 반원을 그려 C3PO와 R2D2를 표현했다. 옆에서
조금 거들긴 했지만, 마르셀의 상상력이 그림 속 이야기를
주도하고 있었다.

　나는 이 그림이 마르셀이 처음으로 그의 재능을
보여준 작품이라 생각한다. 르네상스 시대의 거장 조토 디
본디네는 산에서 양을 치며 바위에 양을 그리는 것으로
그의 재능을 보여주었다. 누가 알겠는가! 이렇게 갈기듯
그린 다스베이더와 루크 스카이워커 그림이 또 다른
거장의 탄생을 예고하는 것일지 말이다.

　마르셀은, 세상의 모든 아이가 그러하듯 천재다.
중요한 것은 사회나 가족이, 혹은 그 누군가가
아이의 창의성과 삶의 욕구를 억누르지 않아야
한다는 사실이다.

빰 빰
빠 바

행성과 별들

"해가 떴어요?" 매일 아침 마르셀이 일어나자마자 하는
질문이다. 마치 아침 햇살이 침대에서 나와도 된다고
허락해주는 것처럼. "달이 떴어요?" 어둠이 짙게 깔리면
마르셀이 하는 질문이다. 요즘 마르셀은 땅과 하늘에
지대한 관심을 보인다. 특히 밤하늘을 좋아한다. 밤이 되면
달을 보고 싶어 하고, 하늘에 반짝이는 무수히 많은 별을
보고 싶어 하고, 행성을 알고 싶어 한다.

　　내 친구 알렉스는 마르셀이 밤하늘과 사랑에 빠지게
만든 장본인이다. 구름 한 점 없는 맑은 밤이면 마르셀은
알렉스의 '로봇'(알렉스 집 옥상에 설치된 천체망원경이다.
마르셀은 이것을 로봇이라 부른다)으로 별들을 보고 싶어
한다. 마르셀은 '로봇'을 통해 아빠와 엄마의 별자리를
보았고, 가장 빛나는 별자리 시리우스와 베가와 카펠라와
알데바란을 보았다. 또한 8월에 내리는 별들의 비를 보고
감탄을 금치 못했고, 토성의 얼음띠를 보고 흥분을
감추지 못했다.

　　마르셀은 '로봇'을 통해 본 세계를 또렷하게 기억한다.
그는 무의식적으로 멀리서 별들의 빛이 왔다가 은하의
깊숙한 곳으로 되돌아가는 것을 알고 있다. 혹시 모를
일이다. 비행기를 타고 세계 어느 곳이든 갈 수 있듯이,

마르셀의 세대에는 기술의 엄청난 발전으로 공상과학
소설처럼 우주공간을 쉽게 여행할 수 있을지도, 그리고
오늘 밤 마르셀은 신비로운 우주를 자유로이 탐험하는
꿈을 꿀지도 모를 일이다.

달콤한 귀갓길

나의 하루 중 가장 행복한 시간은 집으로 돌아오는 때다.
아직 돌이 지나지 않았을 때, 일을 마치고 집으로 돌아와
현관문을 열면 소파에 기대어 앉아 놀고 있던 마르셀이
나를 쳐다보고는 활짝 웃었다. 아직 "아빠"라는 말은
못하지만, 입술을 달싹이며 뭔가 말하려고 하는 듯한,
마치 온종일 아빠의 부재를 알고 기다렸다는 듯한, 아빠가
집에 돌아와 기쁘다는 듯한 표정을 지었다. 그 순간은
세월이 흐른 지금도 내게 잊지 못할 커다란 감동을
선사한다. 왜냐하면, 사랑에 빠진 순간이었기 때문이다.
　　매일 저녁 마르셀이 침대에 들기까지 놀아주고
재우는 일은 내 몫이다. 수개월이 지난 지금 우리는 함께
탑 쌓기와 부수기를 반복하고, 인형 놀이를 하고, 책상다리를
골문 삼아 축구를 한다. 마르셀이 내 귀가를 반기는 것은
엄마 배 속에서 헤엄치던 때를 기억해냈기 때문인지도
모르겠다. 아직 마르셀이 엄마의 배 속에 있을 때, 나는
집에 오면 언제나 무릎을 꿇고 아내의 배에 대고 "아빠
왔다"라고 속삭이고는 했다. 그러면 마르셀은 가끔
그 속삭임에 작은 발길질도 응답하곤 했다.
　　마르셀을 보면 태아일 적의 익숙한 감정이 태어난
후에도 계속 이어지고 있다는 걸 느낀다. 이 감정은

가족이라는 울타리 안에서 아빠와 엄마, 그리고 마르셀이 만들어내는 삼각형 구도의 사랑이 되어 마르셀이 자라면서 함께 자라날 것이다.

일상 속에서 일어나는 모든 활동, 예를 들어 강의, 연구, 수상, 책, 돈이라는 나의 일련의 행위들은 마르셀과 혜영이 있는 집으로 돌아오는 데 그 의미가 있다. 행복이란 건 가장 평범하고 중요하지 않은 사실의 연속적인 구성으로 나타난다. 내 인생의 가장 행복한 시간은 상을 받을 때도, 내 시나 소설이 좋은 평을 받을 때도 아니다. 집에 돌아온 아빠를 향해 환한 얼굴로 웃는 마르셀의 얼굴을 보았을 때, 그 작은 손으로 내 얼굴을 만질 때, 젖병을 쥐여주면 좋아서 '오!'라며 옹알거릴 때, 아빠가 들려주는 시에 귀를 기울일 때다. 바로 일상의 작은 조각들이 만들어지는 그 순간이다.

은하수 안에서 태양을 찾아가는 여행처럼, 가장 멀리서 반짝이는 갤럭시를 찾아 떠나는 여행처럼, 잠이 들기 전까지 마르셀과 뛰어노는 시간, 이 시간이야말로 나를 행복이라는 여행으로 이끄는 은색 빛줄기다.

집으로

젖을 빨고 아장아장 걷던 아이가 어느새 네 살이 되었다.
아이와 함께 보낸 지난 시간을 더듬다 보니 우리 부부의 나이에서
생각이 멈췄다. 아이가 훌쩍 자란 만큼 우리 부부의 나이도 훌쩍
마흔 중반에 다다라 있었다. 그러다 문득 깨달았다. 부모로서의
우리 나이는 아이와 똑같은 네 살이라는 사실을.

4년 동안 부모라는 시간을 보내면서 우리는 많은 것을 배웠고
또 성장했다. 아프면 울었고, 기쁘면 웃었고, 언제 어디서든
노래를 불렀고, 작은 인형들을 줄 세워 인형 놀이를 했고,
아름다운 동화 속 이야기를 읽으며 동심의 세계로 여행을 떠났다.
그렇게 우리는 '응애 응애' 우는 것부터 시작해서 배로 기고
아장아장 걷고 달리는 과정을 거치면서 부모 나이 네 살이
되어 있었다.

우리는 하루에도 몇 번씩 실수를 반복한다. 그러면서 부모는
나이를 먹어가는 건지도 모른다. 어느새 다시 새로운 한 해가
시작되었고, 우리는 다섯 살을 향해 걸음을 뗐다.

엄마 나이 네 살

유혜영 지음

1판 1쇄 발행	2016년 4월 15일
펴낸이	이영혜
펴낸곳	디자인하우스
	서울시 중구 동호로 310 태광빌딩
	우편번호 04616
대표전화	02-2275-6151
영업부직통	02-2263-6900
팩시밀리	02-2275-7884, 7885
홈페이지	www.designhouse.co.kr
등록	1977년 8월 19일, 제2-208호
편집장	김은주
편집팀	박은경, 이수빈
디자인팀	김희정
마케팅팀	도경의, 정영주
영업부	고은영
제작부	이성훈, 민나영, 이난영
출력·인쇄	중앙문화인쇄
기획·편집	情은주
디자인	studio seun

ISBN 978-89-7041-683-0(13590)

가격 13,500원